CHANGE

Klaus Doppler ist Theologe, Psychologe und Organisationsberater. Er ist der führende Experte auf dem Gebiet des Change Managements und gemeinsam mit Christoph Lauterburg Autor des Standardwerks *Change Management*, das mittlerweile in der 13. Auflage (2014) erschienen ist.

Klaus Doppler

CHANGE

Wie Wandel gelingt

Campus Verlag
Frankfurt/New York

ISBN 978-3-593-50678-4 Print
ISBN 978-3-593-43571-8 E-Book (PDF)
ISBN 978-3-593-43593-0 E-Book (EPUB)

Das Werk einschließlich aller seiner Teile ist urheberrechtlich
geschützt. Jede Verwertung ist ohne Zustimmung des Verlags
unzulässig. Das gilt insbesondere für Vervielfältigungen,
Übersetzungen, Mikroverfilmungen und die Einspeicherung
und Verarbeitung in elektronischen Systemen.
Copyright © 2017 Campus Verlag GmbH, Frankfurt am Main
Umschlaggestaltung: total italic, Thierry Wijnberg, Amsterdam/Berlin
Satz: Publikations Atelier, Dreieich
Gesetzt aus der Sabon und der Kelson
Druck und Bindung: Beltz Bad Langensalza
Printed in Germany

www.campus.de

INHALT

Einleitung 9

Kapitel 1
Change Management - Inflation eines Begriffs .. 15

Alles ist Change! Oder auch nicht? 15
Etikettenschwindel mit Placeboeffekt 19

Kapitel 2
Unverbindliche Vorspiele 23

Ein Konzept ist eben nur ein Konzept 24
Ein Leitbild ist ein Scheinbild 25

Kapitel 3
Ein neuer Kontext und die neuen Herausforderungen 29

Es geht um Zukunftsfähigkeit 30
Der neue Kontext – Veränderungen im Umfeld . 32
Der neue Kontext – die neuen Herausforderungen 41

Drei neue Spielregeln für das neue Spiel 43

Kapitel 4
Warum das alles nicht so einfach ist 75

Menschliche Grundbedürfnisse 76
Die beharrenden Kräfte des Status quo 79
Widerstand – Schutz und siamesischer
   Zwilling von Veränderung 81

Kapitel 5
Wie Change trotz allem gelingen kann: Stellhebel und Kernpunkte 103

Vorüberlegungen, Vorerkundungen
   und Klärungen – Risiko Kaltstart! 103
Ganzheitliche Projektarchitektur 114
Die beharrenden Kräfte des Status quo
   erforschen 121
Auftauphase – den Status quo irritieren,
   destabilisieren, dynamisieren 124
Entschlossenheit und Zuversicht erzeugen 129
Geradeheraus zum Kern der Sache kommen ... 130
Klare Sprache ohne Relativierungen
   oder Verschleierungen 135
Willkommen Widerstand 138
Von der Information zur Kommunikation 147
Gesetzmäßigkeiten der Kommunikation 150
Mehrdimensionales dynamisches
   Steuerungsmodell 152

Kapitel 6
Von anderen lernen – eine subjektive Auswahl .. 161

Erkenntnisse aus der sozialpsychologischen
   Verhaltensforschung 162
Spielregeln der Macht 164
Macht organisieren 168
Technik der Eindruckssteuerung 170

Kapitel 7
Kompetenzprofil Change Manager – ein persönliches Navigationssystem 175

Kapitel 8
Externe Berater: Auswahl und Steuerung 183

Meine Empfehlungen 185
Ein Plädoyer für interne Berater 190
Kunde-Berater-Beziehung: ein komplexes
   interdependentes Modell 193

Kapitel 9
Ausgewählte Change-Werkzeuge 197

Die Kunst der Visualisierung 197
Bilder und Collagen 201
Das Strategiehaus 204
Emotionale Wetterkarte 206
Kraftfeldanalyse nach Lewin 209

Die Change Story 211
Projektbeschreibung 215
Die Kunst der Gestaltung von Workshops 220

Kapitel 10
Change – heitere Besessenheit 233

Die Vernunft des scheinbar Unvernünftigen ... 233
Das Neue »verankern« 237

Anmerkungen 241

Vertiefende Literatur 243

Abbildungsverzeichnis 249

Register 251

EINLEITUNG

Die Veröffentlichungen zum Thema Change mit Ansichten, Einschätzungen, Erläuterungen und Ratschlägen nehmen seit Mitte der 1990er-Jahre immer stärker zu. Mittlerweile ist jedem wenigstens theoretisch klar: Verändern und Veränderungen gestalten – mit anderen Worten Change Management – sind keine Modethemen, kein temporäres Angebot in einem sich regelmäßig verändernden Zyklus von Beratungsangeboten, in dem immer wieder eine neue Sau durchs Dorf gejagt wird. Sie sind vielmehr fester Teil unseres Alltags; beruflich, aber zunehmend auch privat.

Wir mögen dies als Zumutung beklagen, als Bedrohung fürchten, die Augen davor verschließen oder als Chance willkommen heißen – bei allen Enttäuschungen, Frustrationen oder allgemeiner Müdigkeit im Hinblick auf Change-Prozesse. Doch die Herausforderung bleibt: Das Umfeld verändert sich in vielfacher Hinsicht, zum Teil absehbar, zum Teil unvorhersehbar, und nur wer sich beizeiten dieser Situation stellt, sich fortwährend anpasst, kann im neuen Spiel mitspielen und es mitgestalten. Es gibt zwar keine Garantie, zu gewinnen, aber immerhin eine Chance!

Eigene Erfahrungen oder Beobachtungen im persönlichen Umfeld und daraus abgeleitete Hoffnungen oder Befürchtungen bringen immer mehr Menschen dazu, diese Entwicklungen zur Kenntnis zu nehmen. So verwundert es nicht, dass mittlerweile ein breites Spektrum an einschlägigen Beratungs- und Hilfsangeboten mit theoretischen Konzepten, ausgeklügelten Werkzeugen, detaillierten Methoden und vielfältigen Fallbeispielen den Markt geradezu überschwemmt. Auch ich habe meinen Beitrag dazu geleistet, indem ich – allein und in Kooperation mit unterschiedlichen Partnern – regelmäßig meine persönlichen Erfahrungen in der Analyse, Konzeption und Begleitung von Veränderungsprozessen sowie im Coaching von verantwortlichen Change Managern reflektiert und in Form von Empfehlungen weitergereicht habe.

Viele sehen in diesem Dschungel von Ratschlägen den Wald vor lauter Bäumen nicht mehr. Es wird viel voneinander abgeschrieben, vieles einfach auch nur nachgeplappert, neu etikettiert und als einzig wahre Lehre verkündet. Doch die Kernpunkte muss man sich mühsam selbst zusammensuchen.

Gemeinsam mit meinem Schweizer Kollegen Christoph Lauterburg habe ich vor nunmehr über 20 Jahren das Buch *Change Management*[1] geschrieben, das zumindest für den deutschsprachigen Raum als Standardwerk gilt. Die Basis dafür waren nicht irgendwelche Theorien, sondern die Reflexion unserer gelebten

Praxis als Berater und Begleiter in vielen Veränderungsprozessen. Dieser Linie sind wir seither treu geblieben. Wir haben unsere Ausführungen von Auflage zu Auflage mit neuen Aspekten ergänzt, die wir in der konkreten Beraterpraxis als relevant erkannt haben. Korrigieren mussten wir übrigens bislang nichts, was wir mit einem gewissen Stolz zur Kenntnis nehmen. Darüber hinaus habe ich mich in dieser Zeit mit verschiedenen speziellen Aspekten des Change Managements in zahlreichen anderen Publikationen, Videoclips oder Hörbüchern – zum Teil allein, zum Teil gemeinsam mit anderen Kollegen – intensiver befasst.

Besonders relevant bei Veränderungen schien und scheint mir immer noch die entscheidende, aber deutlich unterschätzte Rolle der Emotionen. Warum bei Veränderungsprozessen Emotionen häufig ausgeklammert werden und wie erfolgreiche Change Manager Emotionen – die eigenen ebenso wie jene der Betroffenen – steuern können, habe ich deshalb in einem eigenen Buch gemeinsam mit meinem Kollegen Bert Voigt beschrieben.[2]

Im Rahmen meiner Fortbildungsangebote, unternehmensinternen Beratungen und bei Diskussionen im Anschluss an Vorträge werde ich regelmäßig mit folgenden Fragen konfrontiert:

- Was machen wir falsch, dass trotz allen Wissens und aller Change-Beratung so viele Projekte versanden oder zumindest nicht das bringen, was man beim Start erwartet hat?

- Stimmt die Theorie nicht oder haben wir etwas nicht verstanden?
- Wie lässt sich der Misserfolg von Change-Projekten erklären?
- Was müssen wir anders machen?
- Welches sind die Stellhebel und wie können wir diese erfolgreich bedienen?

Um diese Fragen zu beantworten, scheint es mir wenig hilfreich, auf die Fülle der einschlägigen Literatur zu verweisen. Vor diesem Hintergrund beschäftige ich mich schon länger mit der Idee, kurz und prägnant zu beschreiben, welche Fehlerquellen ich bei meinen Praxiseinsätzen erkenne und an welchen Grundprinzipien ich mein eigenes Vorgehen als Berater für Change Management ausrichte. Ähnlich wie ich es mit einer Serie von kurzen Videofilmen praktiziert habe, werde ich hier die aus meiner Sicht substanziellen Kernelemente des Change Managements beschreiben – warum Change notwendig ist und wie man konkret dabei vorgehen sollte – und dabei versuchen, die Spreu vom Weizen zu trennen. Die Basis dafür bilden meine vielfältigen Erfahrungen in sehr unterschiedlichen Change-Projekten, sozusagen ein Konzentrat, das Sie bei Bedarf anhand der reichlich vorhandenen Fachliteratur vertiefen und ausdifferenzieren können. Wer sich mit meinen Büchern und Artikeln, die ich im Lauf der Jahre zum Thema Change veröffentlicht habe, näher befasst hat, dem werden einige Aspekte sicherlich vertraut vorkommen. Der Einfachheit halber habe ich in Bezug auf meine eigenen Publikationen auf Quellenangaben verzichtet.

In Kapitel 1 und 2 beschreibe ich, was eigentlich los ist, also was das Thema Change zum General- und Dauerthema macht. In Kapitel 3 erläutere ich, was eigentlich zu tun wäre, um ein Unternehmen zukunftsfähig beziehungsweise ein Change-Projekt nachhaltig erfolgreich zu machen. In Kapitel 4 erkläre ich, warum es gar nicht so einfach ist, dieser Ausrichtung, die im Grunde auf der Hand liegt, zu folgen. Ich beschreibe sozusagen die »Psycho-Logik«, weshalb das, was eigentlich zu tun wäre, häufig doch nicht getan wird. In Kapitel 5 bis 10 zeige ich Wege auf, wie es gelingen kann, dieser Psychodynamik der Inkonsequenz zu entkommen.

Wem soll diese Navigationshilfe dienen? Erstens denjenigen, die insgesamt für die Zukunftsfähigkeit ihrer Unternehmen oder Organisationen (welcher Art auch immer) verantwortlich sind, sodass sie als Entscheider und Verantwortliche rechtzeitig die richtigen Schritte in die Wege leiten können. Zweitens denjenigen, die mit der Durchführung von Veränderungsprozessen beauftragt werden, sodass sie solche Prozesse nach allen Regeln der Kunst steuern können und das Unternehmen dadurch lernt, Change-Prozesse als normal zu betrachten, bei Bedarf automatisch in Gang zu setzen und zu meistern. Drittens den Beratern, damit sie nicht nur darauf achten, dass sie selbst lernen, sondern dass gleichzeitig im Unternehmen die notwendige Change-Kompetenz und Handlungssicherheit ausgebaut werden.

Für alle drei Adressaten gilt: Überraschungen werden sich nicht vermeiden lassen, denn alle Wege führen in unbekanntes Gelände. Erfolgreich kann nur sein, wer sich verhält wie ein Forscher: Auf der Basis seiner Erfahrungen bildet er Hypothesen und baut darauf seine Versuche auf. Wenn sich die Hypothese nicht bewahrheitet, reagiert er nicht mit Enttäuschung oder Ärger – außer er hat einen Fehler im Versuchsaufbau gemacht –, sondern erkundet mit gespannter Neugier, was zu diesem unerwarteten Ergebnis geführt hat.

Doch jeder Fehler, der darauf beruht, dass nicht mit der notwendigen Sorgfalt und Ernsthaftigkeit geplant wurde, und jedes Misslingen, das nicht ernsthaft im Hinblick darauf ausgewertet wird, was für den nächsten Schritt daraus gelernt werden kann, wird zu einer Hypothek. Und so gibt es nach meiner Beobachtung in vielen Unternehmen eine Müllhalde mit Erfahrungen aus oberflächlichen, schlampigen, dilettantischen, abgebrochenen und deshalb unvollständigen Change-Projekten – Hypotheken, welche die nächsten Schritte zunehmend belasten. Die allgemein beklagte »Change-Müdigkeit« beruht meines Erachtens weniger darauf, dass die Betroffenen Veränderungen insgesamt nicht für notwendig erachten. Vielmehr lehnen sie die Art des Vorgehens ab oder können sie nicht nachvollziehen.

Dieses Buch soll dazu beitragen, Change-Prozesse ehrlich, kompetent und transparent zu gestalten.

Kapitel 1

CHANGE MANAGEMENT – INFLATION EINES BEGRIFFS

Change Management ist mittlerweile von existenzieller Bedeutung, und zwar branchenübergreifend in allen Organisationen. Der Kontext, in dem wir alle leben und uns behaupten müssen, hat sich dramatisch geändert und ist auf Dauer turbulent, instabil und nur begrenzt vorhersehbar. Insofern stimmt der gängige Spruch: »Das einzig Stabile ist der Wandel.« Deshalb wird aus Marketinggesichtspunkten im Prinzip alles, was irgendwie passen könnte, unter diesem Etikett angeboten – darunter auch viel alter Wein in neuen Schläuchen.

Alles ist Change! Oder auch nicht?

Christoph Lauterburg und ich kamen ursprünglich aus der Organisationsentwicklung. Diese definierte sich grundsätzlich über drei Prinzipien: ganzheitlicher Ansatz, Beteiligung der Betroffenen und Hilfe zur Selbsthilfe. In unserer praktischen Beratungsarbeit machten wir dann zunehmend die Erfahrung, dass der Ansatz der Organisationsentwicklung eine spürbare Schwäche hat: Die Entwicklungsprozesse in Unternehmen sollten prinzipiell langfristig angelegt werden, weil damit der Anspruch verbunden war, die Unternehmenskultur insgesamt zu ändern, nämlich von einer hierarchischen zu einer partizipativen Führung und einer entsprechenden Form der Organisation. Mein Kollege hatte bereits Ende der 1980er-Jahre ein Buch veröffentlicht, mit dem vom Verlag gewählten reißerischen Titel *Vor dem Ende der Hierarchie*.

Wir waren zwar von den inhaltlichen Prinzipien der Organisationsentwicklung überzeugt, nicht aber vom zeitlichen Ansatz. Schon damals waren wir der Meinung: Das unternehmerische Umfeld entscheidet, welches Tempo für Veränderungen notwendig ist. Wer sich nicht schnell genug anpasst und verändert, fliegt aus dem Spiel beziehungsweise kommt nie richtig hinein. Deshalb legten wir den Fokus auf das Thema »Veränderungen gezielt gestalten und managen«, und dies bewusst nicht als Jahrhundertwerk oder langfristiges, generationenübergreifendes kulturelles Programm, sondern sehr gezielt, um das Überleben in einem turbulenten Umfeld zu sichern. Deshalb schlugen wir als Titel für unser gemeinsames Buch »Veränderungsprozesse gestalten« vor. Der damalige Verleger des Campus Verlags fand den Titel jedoch nicht besonders zugkräftig. Und so diskutierten wir mögliche Alternativen, bis irgendwann der Begriff »Change Management« fiel. Wir suchten im Internet und fanden zu diesem Zeitpunkt im deutschsprachigen Raum nur eine einzige Publikation, in der das Wort »Change« auftauchte. Also besetzten wir diesen Begriff, der irgendwie anspruchsvoller klang, auf jeden Fall unverbraucht und weniger banal als das deutsche »Veränderungsprozesse gestalten«. Am Inhalt änderte sich für uns absolut nichts.

Die großen deutschen Beratungsfirmen hatten dieses Thema damals noch nicht in ihrem Portfolio, daher bekamen wir Anfragen, ihnen zu erklären, worum es bei Change Management konkret gehe. Wir erläuterten kurz die Geschichte dieses Begriffs und betonten dann die inhaltlichen Aspekte: warum Veränderung notwendig ist und wie sie – unter Beibehaltung der drei Prinzipien aus der Organisationsentwicklung – schnell, konsequent und nachhaltig herbeigeführt werden kann.

Der Begriff wurde über die Jahre immer populärer und die Ansprüche der Kunden immer bestimmter in Bezug auf erfolgreiche Veränderungen, jetzt allerdings immer häufiger unter der Marke Change Management. Und so kam es, wie es kommen musste: Einige Berater und Trainer entwickelten sehr schnell eigene Konzepte oder qualifizierten sich bei denjenigen, die welche hatten, um diesem mehrdimensionalen Anspruch – ganzheitlicher Ansatz, Beteiligung der Betroffenen, Hilfe zur Selbsthilfe, und das alles unter Zeitdruck – gerecht zu werden. Die große Mehrheit wartete allerdings zunächst ab in der Überzeugung, es handle sich bei Change Management wie bei vielen anderen Themen nur um eine vorübergehende Modewelle.

Doch als Change wider Erwarten zum festen Bestandteil der Kundenerwartung mutierte, wurden viele herkömmliche Angebote schlicht neu etikettiert: Ob radikale Veränderung oder schrittweise, ob in Form laufender Anpassung im Rahmen der normalen Führung oder als einmaliger geplanter massiver Eingriff, ob Werkzeuge, Prozesse, Strukturen, Strategie oder Unternehmenskultur, ob eindimensional wirtschaftlich, ökonomisch, ökologisch, gesellschaftlich oder ganzheitlich – alles wurde als »Change« bezeichnet.

Diese undifferenzierte Ausweitung des Begriffs »Change« hat ihn zu einer verwaschenen Verkaufsargumentation verkommen lassen, zu einem Modewort degeneriert, das den Anschein von unmittelbarer Innovation und Kompetenz erwecken soll. Er klingt nicht wie ein Werkzeug, wie zum Beispiel Business Process Reengineering, sondern verspricht eine Wirkung, sozusagen das Endergebnis, analog dem Leitspruch von Barack Obama »Yes, we can! « statt »Yes, we could if …«. Er trifft haargenau die erlebte Forderung nach schnellem Handeln. Ähnliches trifft übrigens auf neue Schlagworte – neudeutsch Buzzwords – zu, die später als Ablösungsversuche von Change in den Markt gebracht wurden, wie zum Beispiel »Transformation Management« oder »VUCA« (Volatilität, Unsicherheit, Komplexität, Ambiguität).

Teamentwicklungen, (ganzheitliche) Prozessmoderation, systemische Beratung, klassische Moderation, Großgruppenarbeit, Führungskräftetrainings, Strategie- und Strukturberatungen, sogar Outdoor-Veranstaltungen – jede Form von Fachberatung und Training wurde schlichtweg umdefiniert und in mehr oder weniger direkte Verbindung zu Change gebracht, ohne dass an den alten Konzepten grundsätzlich etwas geändert worden wäre. Die Devise lautete offenbar: Wenn der Kunde Change will, dann bekommt er eben Change!

Auch in den Unternehmen selbst fand diese Umetikettierung statt: Führungskräfte, die zum Beispiel durch eine Fusion nicht mehr in ihrer alten Rolle benötigt wurden, wurden zu »Change Agents« umdefiniert; Mitarbeiter aus der Personalentwicklung nannten sich ab sofort »Change Manager« oder boten sich als »Berater für Change Management« an.

Etikettenschwindel mit Placeboeffekt

Immer wieder wird behauptet, ein Großteil der Veränderungsprozesse würde scheitern oder zumindest nicht die erhofften Wirkungen erzielen. Doch an welchen Kriterien wird Erfolg überhaupt gemessen? Am wirtschaftlichen Ergebnis? An der Mitarbeiterzufriedenheit? Der Kundenzufriedenheit? Der Schnelligkeit der Veränderung? Der Radikalität der Veränderung?

Oder dient diese Behauptung denjenigen, die sie in den Raum stellen, in erster Linie als Werbung für das eigene Angebot, das selbstverständlich verspricht, im Gegensatz zu allen anderen erfolgreich zu sein?

Es ist wie bei einem Medikament: Eine neue Bezeichnung, gepaart mit unwesentlichen Modifikationen an der Arznei, ändert in der Regel wenig bis gar nichts für die Patienten, wohl aber eine Menge für den Hersteller. Denn dieser schafft sich damit einen neuen Zugang zum Markt und damit verbunden auch die Möglichkeit, den Preis neu zu gestalten. Auch bei Change gibt es im Übrigen einen Placeboeffekt: Es kann durchaus sein, dass ein Berater unter der neuen Bezeichnung mehr Aufmerksamkeit erfährt und deshalb eine größere Wirkung erzielt – obwohl er nichts anderes tut als bisher. In ihm selbst kann der Placeboeffekt wirken, indem allein die neue Bezeichnung mit dem neuen Anspruch sein Selbstbewusstsein stärkt, was wiederum in seinem gesamten Auftreten zum Ausdruck kommt.

Ich wage allerdings die Nachhaltigkeit dieser Wirkungen zu bezweifeln, wenn die entsprechende Haltung in Bezug auf die oben genannten Prinzipien und die notwendige Kompetenz fehlen. Es ist in meinen Augen ein fundamentaler Unterschied, ob rein betriebswirtschaftlich ausgerichtete Berater – mögen sie auch an noch so renommierten Hochschulen einen noch so herausragenden Abschluss gemacht haben – den betroffenen Managern und Mitarbeitern etwas über Ganzheitlichkeit, Partizipation und Hilfe zur

Selbsthilfe ins Konzept schreiben oder ob ein erfahrener, qualifizierter Berater gemeinsam mit den Beteiligten erarbeitet, was diese Grundsätze im konkreten Fall des betroffenen Unternehmens bedeuten und wie sie nachhaltig ein- und umgesetzt werden können.

Kapitel 2

UNVERBINDLICHE VORSPIELE

Sich vor dem Start einer Veränderung darüber zu verständigen, was, warum und mit welchem Ziel verändert werden soll, ist unabdingbar. Nicht wenige Unternehmen bleiben jedoch in dieser Vorphase hängen. Sie betreiben einen immensen Aufwand, um detaillierte Konzepte zu erstellen (oder diese von Beratern erstellen zu lassen). Oder sie starten die Veränderung mit der Formulierung eines prägnanten Leitbilds, an dem sich das Unternehmen ausrichten soll. Unmengen von Zeit und Energie darauf zu verwenden halte ich nicht nur für wenig nützlich, sondern geradezu für schädlich. Denn ausgefeilte Konzepte oder Leitbilder erwecken den Anschein, schon auf einem guten Weg zu sein – dabei ist noch kein einziger Schritt getan! Der Effekt entspricht in etwa dem von Neujahrsvorsätzen.

Ein Konzept ist eben nur ein Konzept ...

René Magritte, ein belgischer Maler des Surrealismus, hat unter anderem ein Bild mit einer Pfeife gemalt. Unter der Pfeife steht der Satz: »Dies ist keine Pfeife.«

Abbildung 1: Ein Bild ist eben nur ein Bild, ©2016. *Digital Image Museum Associates/LACMA/Art Resource NY/Scala, Florenz.* ©*Photo SCALA, Florenz.*

Darauf angesprochen, gab Magritte den Kommentar: »Ein Bild ist nicht zu verwechseln mit einer Sache, die man berühren kann. Können Sie meine Pfeife stopfen? Natürlich nicht! Sie ist nur eine Darstellung. Hätte ich auf mein Bild geschrieben, dies ist eine Pfeife, so hätte ich gelogen ...«

Viele Berater entwerfen indes tolle Konzepte und vermitteln dabei – gewollt oder ungewollt – den Eindruck, das Konzept sei der entscheidende Teil von Change. Die Sprache verrät diese Schwerpunktsetzung, wenn es heißt: »Das Konzept steht, jetzt muss es ›nur noch‹ umgesetzt werden.« Das Dilemma: Konzepte werden häufig am grünen Tisch entwickelt, noch dazu von Menschen, die relativ weit entfernt sind von der Realität. Das Problem ist nicht, dass man nicht wüsste, was verändert werden muss und warum die Notwendigkeit dazu besteht. Das weiß jeder, der mit einigermaßen klarem Verstand beobachtet, was um ihn herum passiert. Das entscheidende Manko bei vielen – egal ob auf die Theorie fokussierte Berater oder abgehobene Führungskräfte – besteht darin, zu wenig unmittelbaren persönlichen Austausch und Erfahrung zu haben mit denjenigen, die von der geplanten Veränderung betroffen sind und ohne deren engagierte Beteiligung Change nicht gelingen kann. Und so verläuft der Veränderungsprozess nach dem üblichen Muster des naiven Dreisprungs: konzipieren, kaskadieren, exekutieren. Die anschließende Enttäuschung darüber, dass die Umsetzung doch nicht so glatt verläuft wie geplant, wird dann allerdings nicht dem Konzept angelastet, sondern den unfähigen oder unwilligen direkt betroffenen Mitarbeitern und Führungskräften auf der mittleren Ebene – nicht selten als Lehm- oder auch Lähmschicht etikettiert beziehungsweise diffamiert.

Ein Leitbild ist ein Scheinbild

Nicht selten starten Unternehmen den Change-Prozess, indem sie ein Leitbild formulieren (lassen) mit beeindruckenden Zielvorstellungen, Werten und Spielregeln. Damit glauben sie, einen wesentlichen ersten Schritt der Veränderung geschafft zu haben. Das hehre Leitbild soll das Unternehmen nach außen – Kunden, Markt, Konkurrenz, Öffentlichkeit – gut darstellen und nach innen Orientierung geben, wie man sich zu verhalten hat. Es wird normativ beschrieben, was sein sollte, insgesamt aber so formuliert, als ob dieser Zustand bereits erreicht oder in unmittelbarer Nähe wäre: »Wir sind«, »Wir verstehen uns als«, »Wir verpflichten uns«, »Wir erwarten von unseren Mitgliedern/Mitarbeitern« et cetera. Geradezu akribisch wird um Formulierungen gerungen und gleichzeitig dafür Sorge getragen, an den entscheidenden Stellen subtile Relativierungen einzubauen: »Wir sind alle bemüht«, »Wir verstehen uns prinzipiell«, »Wir erwarten«, »Die Umsetzung soll flexibel erfolgen« et cetera. Das Ganze ist bewusst so weich und diffus formuliert, dass daraus keine konkreten Handlungen abgeleitet werden und deshalb auch keine konkreten Sanktionen beschlossen werden können. Nachhaltigkeit? Fehlanzeige!

Alle sind aber insofern zufrieden, als mit dem edlen Leitbild ein Scheinbild vorhanden ist, hinter dem man glaubt, den aktuellen Status quo und die fehlende Bereitschaft zur Veränderung verstecken zu können. In den meisten Fällen werden in einem Leitbild exakt diejenigen Aspekte besonders hervorgehoben, die das Unternehmen bräuchte, die aber nicht ausreichend ausgeprägt oder schlichtweg nicht vorhanden sind. Leitbilder sind also im Grunde sehr informativ – man muss sie nur richtig lesen können.

Die normative Kraft des Faktischen lässt sich nicht einfach umdrehen in eine faktische Kraft von Normen. Neue Fakten schaffen neue Normen, aber neue Normen schaffen noch lange keine neuen Fakten!

… Kapitel 3

EIN NEUER KONTEXT UND DIE NEUEN HERAUSFORDERUNGEN

> *Ein Professor händigte die Unterlagen für das Abschlussexamen aus und verursachte einige Verwirrung bei den Studenten. Einer von ihnen sprang auf und rief aufgeregt: »Aber Herr Professor, das sind ja die gleichen Fragen, die Sie uns bei der letzten Klausur gestellt haben!« – »Stimmt«, sagte der Professor, »aber die Antworten haben sich geändert.«*
>
> AUTOR UNBEKANNT

Der generelle Kontext, in dem Menschen und Organisationen leben und sich behaupten müssen, hat sich in den letzten Jahren dramatisch geändert, sei es durch den weltweiten hierarchiefreien Informations- und Datenaustausch, die globale Vernetzung und Abhängigkeit voneinander, die Transparenz des weltweiten Geschehens in Echtzeit, die Digitalisierung und Big Data oder durch zunehmende politische und gesellschaftliche Auseinandersetzungen, um nur einige Stichworte zu nennen. Darüber hinaus ist das Umfeld insgesamt instabil und die weitere Entwicklung nur äußerst begrenzt vorhersehbar. Um in diesem neuen Kontext zu überleben, bedarf es einer radikalen Infragestellung der geltenden Ordnungen und Spielregeln, unter anderem im Hinblick auf Führung, Strukturen, Prozesse, Funktionen und Rollen der beteiligten Personen sowie die entsprechenden Verhaltensmuster. Der neue Kontext verlangt neue Ordnungen und neue Muster.

Es geht um Zukunftsfähigkeit

Change ist kein Wert an sich, ebenso wenig wie Kontinuität. Grundsätzlich geht es aus meiner Sicht immer um Zukunftsfähigkeit, also um das Überleben. Change ist dann notwendig, wenn das relevante Umfeld die Unternehmen unter Druck setzt, sich anzupassen oder ihre Existenz zu riskieren. Auf dieser Basis beruht meine kontextbezogene Beratungsperspektive, das heißt, das Unternehmen immer in seinen Kontexten – Kunden, Markt, Wettbewerb, Mitarbeiter, technologische, gesellschaftliche und wirtschaftliche Entwicklungen – zu betrachten. Es sozusagen von außen nach innen zu analysieren im Hinblick auf Chancen und Bedrohungen, mit dem übergreifenden Ziel »Zukunftsfähigkeit«. Daran hat sich für mich prinzipiell nichts geändert, außer dass diese Perspektive in der Zwischenzeit dramatisch an Bedeutung gewonnen hat.

Wer verantwortlich steuern will – egal ob Manager, Mitarbeiter oder Berater –, sollte sich zunächst bewusst machen, von welchem Gesamtbild er ausgeht im Hinblick auf das, was er managen, steuern oder beratend begleiten will. Anhand welcher Kriterien bewertet er, was gut und was weniger gut ist, was riskant oder was vielversprechend ist, was beibehalten, weiterentwickelt, gelöscht oder verändert werden sollte – und wie viel Zeit zur Verfügung steht, um die notwendigen Entscheidungen zu treffen und die entsprechenden Maßnahmen durchzuführen?

Jeder Mensch hat mentale Leitmodelle im Kopf, die nicht nur sein Verhalten, sondern bereits seine Wahrnehmung steuern. Sie beeinflussen, wie er den Status quo bewertet und wie er die weiteren Entwicklungen innerhalb seines Handlungsfelds und in den relevanten Kontexten einschätzt. Es gibt weder objektive Wahrnehmungen noch objektive Empfehlungen. Wer sich hingegen seiner eigenen Subjektivität bewusst ist, wird in seinen Analysen und Empfehlungen den notwendigen Raum lassen, sodass andere Betroffene – Vorgesetzte, Kollegen, Mitarbeiter, Kunden – aus ihrer jeweiligen Betrachtungsweise durchaus zu unterschiedlichen Ergebnissen kommen können. Genau diese intensive Auseinandersetzung mit den verschiedenen Sichtweisen ist für die Nachhaltigkeit jeder Entwicklung und Veränderung ausschlaggebend. Denn nur wer sich rechtzeitig einbezogen fühlt, wird willens und fähig sein, die Erkenntnisse daraus später konsequent mit umzusetzen.

Zu diesem partizipativen, dialogischen Ansatz gibt es natürlich Alternativen: Man kann die Steuerung in die Hand eines Einzelnen legen, dem alle Betroffenen zu folgen haben. Man kann alles nach dem Motto »So ist es eben« in sogenannter Basta-Manier hinnehmen, ohne etwas zu hinterfragen, und sich irgendwie durchwursteln (»Muddling through« als Managementmodell).

Ich möchte im Folgenden meine Philosophie skizzieren, an der ich mich als Trainer, Coach und Begleiter von Veränderungsprozessen orientiere. Dazu möchte ich zwei Aspekte aus meinem persönlichen Blickwinkel kurz ausleuchten:

1. Welches sind die aktuell verschärften relevanten Aspekte im Umfeld von Veränderungsprozessen?
2. Welche Art von Führung und Organisation bietet in diesem Umfeld die größeren Chancen, das Überleben eines Unternehmens zu sichern?

Der neue Kontext – Veränderungen im Umfeld

Weltweiter hierarchiefreier Informations- und Datenaustausch

Informationen waren vor dem Siegeszug der Informationstechnologien immer ein substanzielles Instrument der Mächtigen – in Politik, Wirtschaft, Wissenschaft und Gesellschaft. Die Kompetenz im Umgang mit diesen Technologien vorausgesetzt, stehen mittlerweile nahezu alle Informationen allen zur Verfügung beziehungsweise könnten allen zur Verfügung gestellt werden. Der freie Fluss von Informationen garantiert jedoch keineswegs, wie von einigen Optimisten prognostiziert, dass dadurch mehr basisdemokratische Ansätze an Bedeutung gewinnen. Informationen können durchaus manipuliert und von verdeckt agierenden Interessengruppen für intransparente Zwecke gezielt gesammelt, eingesetzt und gesteuert werden.

Die in der Hierarchie etablierten Mächtigen sind eines ihrer bislang wirkungsvollsten Machtmittel beraubt worden: der Knotenpunkt für alle Informationen zu sein. Damit haben sie ihre Deutungshoheit und in der Folge ihre Macht zur Steuerung von Informationen und Meinungen verloren. Sie sind Manipulationen genauso ausgeliefert wie alle anderen, können allerdings im freien Spiel der Kräfte selbst versuchen, andere zu manipulieren.

Globale Vernetzung und gegenseitige Abhängigkeit

Die grenzüberschreitenden Informationstechnologien schaffen die grundsätzlichen Voraussetzungen dafür, sich zu nahezu allem, was uns interessiert – egal ob Unternehmen, Organisationen, Kunden, Wettbewerber, Technologien, gesellschaftliche und politische Entwicklungen, Initiativen und Entwicklungen aller Art –, Zugang zu verschaffen. Dadurch erschließen sich einerseits grenzenlose Möglichkeiten für Kooperationen, Profilierungen oder Abgrenzungen. Andererseits öffnet dies grenzenlosen Möglichkeiten der Beeinflussung und Manipulation Tür und Tor. Es liegt nicht mehr (nur) im eigenen Ermessen, ob man mitspielen will oder nicht. Andere mischen sich ungefragt in das Spiel ein oder drängen einem sogar ihre eigenen Spielregeln auf. Was heute noch als großer Marktvorteil erlebt und genutzt wird, kann durch neue technologische und politische Entwicklungen genauso schnell wieder verloren gehen und selbst Support-Funktionen, die sich als Folge der globalen Vernetzung entwickelt haben, obsolet machen. Niemand kann zurzeit vorhersehen, wie sich zum Beispiel der 3D-Drucker weiterentwickelt, der es ermöglicht, per Datentransfer bestimmte Produkte bei Bedarf in kleinen oder größeren Mengen an jedem gewünschten Ort zu produzieren. Dies könnte unter anderem massive Auswirkungen auf die Logistik nach sich ziehen. Ebenso wenig lässt sich erahnen, inwieweit sich die Globalisierung zu einem erfolgreichen Miteinander entwickelt oder in überlegten nationalistischen und wirtschaftlichen Abschottungen mündet.

Transparenz des Weltgeschehens in Wort und Bild – überwiegend live

Der Erhalt von Informationen und die Analyse von Hintergründen und Zusammenhängen waren früher auf unterschiedliche Rollen verteilt und vielfach zeitverzögert. Die Zeitabschnitte zwischen Ereignis, Information, Interpretation und erwarteter Reaktion erlaubten, sich »in Ruhe« auf neue Situationen einzustellen, eigene Wege für die Interpretation und Reaktion auszudenken und diese dann Schritt für Schritt zu verwirklichen.

Die heutzutage dominierende »Nahezu-Gleichzeitigkeit« von Ereignis, Information, Deutung und erwarteter Reaktion erfordert ein deutlich schnelleres Reagieren. Gleichzeitig strapazieren die vielen parallelen Botschaften, unterschiedlichen Deutungsmöglichkeiten und damit verbundene Handlungserwartungen früher oder später das persönliche Urteilsvermögen. Im Endeffekt können sie zu allgemeiner »Gleich-Gültigkeit« im wahrsten Sinn des Wortes – oder banaler ausgedrückt zu Ratlosigkeit, Abstumpfung, Sorglosigkeit oder auch Fatalismus führen. Die früher allein einem Gott zugeschriebene Eigenschaft der Allgegenwart (Ubiquität) ist sozusagen sozialisiert und wird nicht unbedingt als Gewinn erlebt.

Zunehmende Spannungen und Auseinandersetzungen

Die globale wirtschaftliche Verflechtung und die prinzipielle Transparenz bleiben nicht ohne Folgen: Auf der einen Seite ist nicht (mehr) zu verhindern, dass Menschen, Länder, Unternehmen, Institutionen, Initiativen und Lebenswelten sich mit anderen vergleichen oder miteinander verglichen werden. Das gilt auch unternehmensintern zwischen Mitarbeitern und Managern ebenso wie der Mitarbeiter untereinander. Die Bedürfnislage der Mitglieder und Mitarbeiter in Unternehmen und Organisationen zeigt eine zunehmend höhere Varianz: Auf der einen Seite sind immer mehr Menschen in vielen Ländern auf der Suche nach bezahlter Arbeit, um ihre Existenz zu sichern. Auf der anderen Seite wächst die Anzahl derer, die ihre Lebenswelt und in der Konsequenz ihre Arbeitswelt selbstbestimmt und flexibel gestalten wollen. Der entscheidende Aspekt besteht dabei allerdings weniger in dem früheren Konzept der Work-Life-Balance, um die völlige Verschränkung von Arbeits- und Lebenswelt zu verhindern, sondern in dem Bestreben, die Fremdbestimmung einzuschränken, die im Grunde den Stress bewirkt.

Transparenz und dadurch verursachte Vergleiche und Beurteilungen betreffen auch die wirtschaftlichen und gesellschaftlichen Bereiche insgesamt. Immer drängender wird ein Ausgleich verlangt zwischen wirtschaftlich erfolgreichen Ländern und weniger erfolgreichen, zumal die erfolgreichen von den anderen in mehrfacher Hinsicht profitieren: einerseits als Absatzmärkte, andererseits im Rahmen der Globalisierungsstrategie von zeitlich begrenzten Produktionsverlagerungen – stets mit der Möglichkeit der Rückverlagerung, sobald es sich woanders noch besser rechnet. Immer mehr Menschen wollen sich mit diesen Erkenntnissen nicht mehr abfinden und beginnen auf ihre Weise, ohne die anderen um Erlaubnis zu fragen, Veränderungen herbeizuführen.

Global wird zudem eine nachhaltige Balance zwischen Ökonomie, Ökologie und Sozialem gefordert, um prophylaktisch zukünftige Spannungen zu reduzieren. Inwieweit allerdings die geforderte Norm auch in die gelebte Praxis umgesetzt werden wird, steht auf einem anderen Blatt.

Auch die politischen und religiösen Verfassungen stehen weltweit im Scheinwerferlicht. Ohne verschleiernde Ehrfurcht werden die unterschiedlichen offiziellen und inoffiziellen politischen und religiösen Steuerungsmodelle – und ihre zum Teil fatale Vernetzung – dahingehend hinterfragt, was sich hinter ihren vordergründigen, im Prinzip immer hehren Werten verbirgt, vor allem im Hinblick auf Macht.

Digitalisierung in allen Bereichen

Das World Wide Web ist im beruflichen und privaten Alltag angekommen und verlinkt uns mit allen nur denkbaren instrumentellen und sozialen Feldern, die wir bislang eigenständig wählen oder von denen wir uns auch bewusst fernhalten konnten. Die Digitalisierung wird alle Bereiche unserer beruflichen, gesellschaftlichen, sozialen und privaten Kommunikation, Kooperation und Lebensgestaltung drastisch beeinflussen. Aufgrund der stetigen Verbesserung der Datenverarbeitung durch Supercomputer oder

der weltweiten Vernetzung von kleineren Computern, der Entwicklung von Robotern aller Art, zahlreichen Formen von Social Media sowie komplexer Algorithmen zur Nutzung von Big Data werden sich Geschäftsmodelle, Geschäftsprozesse und Strukturen in Verwaltung, politischer Steuerung, Produktion, Forschung und Entwicklung, Logistik, Marketing und Vertrieb wie auch die Umgangsformen im persönlichen Miteinander radikal verändern. Es geht nicht mehr nur um eine anhaltende Steigerung von Wachstum, Produktivität und Geschwindigkeit. Vieles, was bislang als technisches Hilfsmittel gedient hat, ist nicht nur dabei sich auszuweiten, sondern sich zu verselbstständigen. Ganze Arbeitsfelder in Wissenschaft, Gesundheit, Biotechnologie, Produktion, Vertrieb, Marketing und Dienstleistungen aller Art, die bislang von Menschen gestaltet und gesteuert worden sind, werden selbstständig von Computern übernommen, die mithilfe von Sensoren, Software und Netzwerktechnik in die Produkte und Dienstleistungsketten integriert sind. Das betrifft nicht nur die Ausführung von Tätigkeiten, sondern auch die bereichsübergreifende Vernetzung der beteiligten Akteure. Einschlägige Stichworte in diesem Zusammenhang sind »Produktion 4.0« oder »Internet der Dinge«. Das Smartphone wird quasi zu einem implantierten Teil des Körpers, vernetzt mit allen relevanten Aspekten, die das Leben leichter machen: Gesundheit, Wohnen, geschäftliche und private Kommunikation und vieles mehr.

Es wird immer schwieriger werden, sich dem Sog dieses Mainstreams zu entziehen. Elitäres Expertenwissen im Bereich der Digitalisierung ermöglicht es, mittels maßgeschneiderter Algorithmen die zur Verfügung stehenden Informationen zur ausgeklügelten Steuerung von Verhalten zu nutzen, großenteils ohne Wissen, Zustimmung und Nutzen der Betroffenen. Künstliche Intelligenz ist keine Illusion mehr.

Mit der Digitalisierung erhält auch der Faktor Zeit einen anderen Stellenwert: Wer im Spiel bleiben oder ins Spiel kommen will, muss auf der Basis der schnellen Information ebenso schnelle Entscheidungen treffen – entweder um dabei zu sein oder um sich rechtzeitig auszuklinken.

Nicht wenige Unternehmer und Manager schwanken, ob sie diese Veränderungen insgesamt als Chance oder eher als Bedrohung betrachten sollen. Zumal dadurch alle Prozesse und auch die Mitarbeiter selbst messbar und völlig transparent werden. Darüber hinaus ergeben sich völlig neue Krisenszenarien durch Kriminalität, zum Beispiel durch Eingriffe von Unbefugten in digitalisierte Steuerungssysteme.

Fazit: Der Wandel ist radikal und betrifft alle Bereiche, technologisch, wirtschaftlich, gesellschaftlich, politisch. Die zukünftigen Entwicklungen sind unübersichtlich, unberechenbar und womöglich sogar Auslöser von wirtschaftlichen, politischen, gesellschaftlichen und privaten Krisen. Die Ungleichheit in der Gesellschaft wächst. Menschen suchen grundsätz-

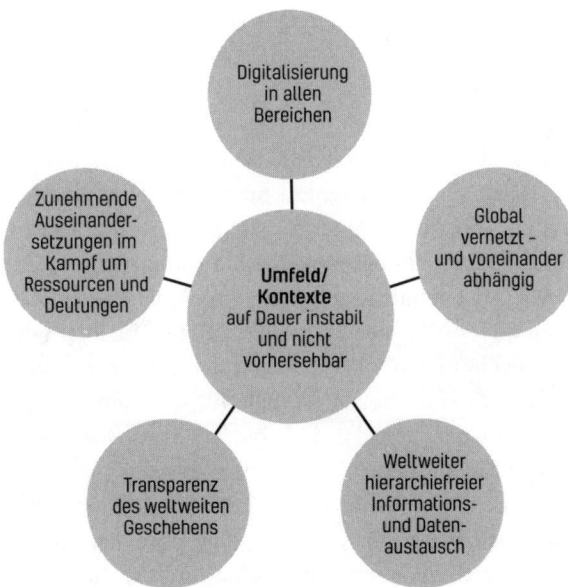

Abbildung 2: Veränderungen im Umfeld

lich nach Sicherheit, Vorhersehbarkeit und Planbarkeit – und eben dieses Fundament wird zunehmend brüchig.

Wir können die zukünftigen Entwicklungen nicht voraussehen und sind kaum in der Lage, sie richtig zu verstehen und ihre Folgen auch nur halbwegs einzuschätzen. Wir haben weder vorgefertigte Werkzeuge noch generell akzeptierte übergreifende Spielregeln, um diese Veränderungen zu meistern. Wir landen immer mal wieder im technologischen, politischen und auch moralischen Niemandsland oder zumindest Neuland. Wir werden häufiger ratlos sein und nach einem neuen Regelwerk suchen (müssen).

Die Herausforderung für alle besteht in erster Linie darin, Veränderungen mit allen damit verbundenen Verunsicherungen nicht nur als Bedrohung zu erleben, sondern darin die Chancen zu erkennen, vieles radikal neu gestalten zu können.

Der neue Kontext – die neuen Herausforderungen

Neuer Kontext, alte Ordnung?

Die aktuell gültigen Ordnungen, Spielregeln und Kulturen haben sich in einem bestimmten Kontext entwickelt und sich dort als hilfreich, als funktional erwiesen. Sie sind naturgemäß an der Vergangenheit ausgerichtet. Sie sind Kinder ihrer Zeit und den damals herrschenden Rahmenbedingungen, Machtstrukturen, kulturellen Spielregeln und Erkenntnissen geschuldet.

Wer im aktuellen Umfeld bestehen will, egal ob als Unternehmen, Institution oder auch als Person in seinem beruflichen, privaten und familiären Lebensraum (sozusagen als verantwortlicher Unternehmer seiner selbst), wird nicht umhinkommen zu überlegen:

- Inwieweit kann und soll die derzeitige Ordnung noch gelten, wenn sich der Kontext ändert, für den und in dem sie sich einst entwickelt und bewährt hat?
- Was ist, wenn ein völlig neuer Kontext entsteht, in dem das Festhalten an bestimmten Werten und Regelungen geradezu kontraindiziert ist?
- Wie kann eine neue Ordnung aussehen, mit Strukturen, Prozessen, Regelungen, Werten und Kompetenzen, an denen sich die Menschen im Allgemeinen und die Führungskräfte eines Unternehmens im Speziellen ausrichten können, um ihre Zukunftsfähigkeit zumindest wahrscheinlicher zu machen?
- Wie kann eine solche Ordnung entstehen beziehungsweise entwickelt werden?
- Wie viel Zeit steht dafür zur Verfügung?
- Wie lange darf die alte Ordnung noch aufrechterhalten werden?
- Kann die Veränderung schrittweise erfolgen?
- Kann die alte Ordnung parallel zu einer neuen Ordnung noch eine Zeit lang bestehen bleiben oder müssen die neuen Spielregeln durch einen radikalen Bruch eingeführt werden?

Prüfkriterien für eine neue Ordnung

Reflektiert man die wesentlichen Elemente der aktuellen und zurzeit anzunehmenden Entwicklungen im Kontext, vor allem die dauerhafte Instabilität und Unkalkulierbarkeit, lassen sich meines Erachtens einige übergreifenden Kriterien ableiten, mit deren Hilfe Sie die alte Ordnung überprüfen und an denen Sie eine zukunftsfähige Unternehmensführung und entsprechende Ordnungs- und Steuerungssysteme ausrichten können:

- grundlegende Wachsamkeit für Entwicklungen in allen relevanten Kontexten (Technologien, gesellschaftliche Trends, politische Steuerungsmodelle, wirtschaftliche Entwicklungen, unterschiedliche soziale Bedürfnisse, interkulturelle Spannungen et cetera)
- stabile Voraussetzungen, die schnelles, agiles Handeln ermöglichen, das heißt hohe Flexibilität in Strukturen, Prozessen und Verhalten
- hoher Grad an persönlicher Reflexionsfähigkeit
- situative Balance zwischen Bewahren, Zerstören, Wandel und Innovation statt normativer Festlegung

Drei neue Spielregeln für das neue Spiel

Im Grunde sehe ich drei Grundsätze, an denen sich das notwendige neue Spiel ausrichten muss:

1. Ganzheitliche (Unternehmens-)Führung
2. Handeln im experimentellen Modus
3. Untrennbare Verknüpfung von Zerstören und Innovation (»Stirb und werde«)

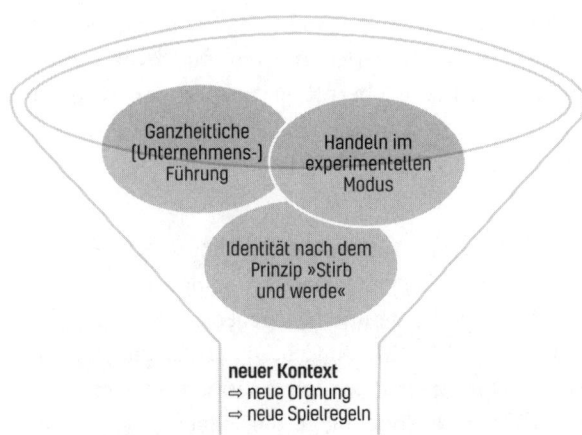

Abbildung 3: Neuer Kontext – Grundsätze für eine neue Ordnung

Ein tatsächlicher Nutzen wird allerdings erst erzielt, wenn diese Grundsätze und die daraus abgeleiteten Spielregeln verbindlich in die Unternehmensführung aufgenommen werden und die Beteiligten ihr Handeln konsequent danach ausrichten (müssen).

Ganzheitliche (Unternehmens-)Führung

Was heißt ganzheitlich?

Ganzheitlich bedeutet nicht einfach »allumfassend« oder »global«. In unserem Rahmen bedeutet »ganzheitlicher Ansatz«, einen Change-Prozess im Hinblick auf seine Zielsetzung und beabsichtigte Wirkung zu betrachten und herauszufinden, welche Aspekte berücksichtigt werden müssen, damit das Ziel erreicht und die beabsichtigte Wirkung erzielt werden kann – und diese Erkenntnisse von vornherein in die Planung miteinzubeziehen. (Siehe dazu Kapitel 9 »Projektbeschreibung«).

Probleme kommen meistens in bestimmten Symptomen zum Ausdruck. Den Symptomen können aber unsichtbare tiefere Ursachen zugrunde liegen. Ein guter Arzt behandelt deshalb nicht das Symptom, sondern erforscht die tiefer liegenden Ursachen und Zusammenhänge. Bei Bedarf zieht er Spezialisten zu Rate, er erweitert sozusagen seine Perspektive. Ähnlich verhält sich, wer nachhaltige Wirkung mit Change-Projekten erzielen will: Er konzentriert sich nicht nur auf die unmittelbare Handlung und ihr direktes Ergebnis, sondern bedenkt, was alles zu berücksichtigen ist, damit das Ergebnis ausschließlich die gewünschte Wirkung erzielt – ohne unerwünschte Neben- oder Folgewirkungen.

Situationen sind in der Regel komplex. Doch Menschen neigen dazu, die Komplexität auf diejenige Dimension zu konzentrieren beziehungsweise zu reduzieren, die ihnen aufgrund ihrer Erfahrung und Fachkompetenz vertraut ist. Ein Perspektivenwechsel hilft, sich auch in unvertrautem Gelände zu bewegen und die natürliche Tendenz zur Reduktion zu verhindern, also funktions- und disziplinübergreifend sowohl den relevanten Kontext als auch die internen Vernetzungen der jeweiligen Thematik einzubeziehen. Das trifft insbesondere auf das Kernthema Führung zu, weshalb wir uns damit intensiver befassen wollen.

Führung ist mehr als Personalführung

Häufig wird Führung mit Personalführung gleichgesetzt. Das Management beziehungsweise die operative Leitung von Aufgaben, Projekten oder Organisationen wird davon getrennt. In größeren Unternehmen gibt es vor diesem Hintergrund unterschiedliche, parallel verlaufende Karrieren: eine für Führungskräfte im Hinblick auf Personalführung und eine andere im Hinblick auf Fachkompetenz. Ich halte diese Trennung grundsätzlich für überholt. Notwendig ist in Zukunft für alle Akteure eine ganzheitliche Betrachtungsweise und darauf aufbauend ein ganzheitliches Handlungskonzept. Oft wird nur in der unmittelbaren Praxis klar, welche Kompetenz notwendig ist und welche Stellhebel zu bedienen sind, um die gewünschte Wirkung bei einem Change-Projekt zu erzielen.

Das bedeutet nicht, dass jeder alles beherrschen muss oder ungesteuert überall eingreifen sollte. Es bedeutet aber sehr wohl, dass es für jeden Akteur eine durchgängige übergreifende Verantwortung nicht nur für sein Handeln gibt, sondern auch für das Ergebnis des Handelns, an dem er beteiligt ist. Egal für welches konkrete Handlungsfeld jemand unmittelbar verantwortlich ist: Er ist verpflichtet, alles zu tun, damit die definierten Wirkungsziele des Unternehmens erreicht werden. Diesem Anspruch kann nur gerecht werden, wer sein Handeln simultan an verschiedenen Perspektiven ausrichtet und bereit ist, nicht nur vor der eigenen Tür zu kehren, sondern sich bei Bedarf von anderen einbeziehen zu lassen und sich bei anderen einzumischen.

Prinzip Selbstführung und Selbstverantwortung

In vielen Unternehmen wird die Führungsverantwortung nach wie vor von oben nach unten in stabilen hierarchischen Positionen fest verankert. Aufgrund ihrer Sozialisation hat sich bei den meisten Beteiligten – selbst wenn sie persönlich stark darunter gelitten haben – das hierarchische System als das normale Führungssystem eingeprägt. Die Hauptfiguren der Sozialisation: Eltern, Lehrer, Trainer, Vorgesetzte, sonstige Respektpersonen. Den besonderen Stellenwert der Hierarchie unterstreichen Sprüche wie »Der Fisch stinkt vom Kopf« oder »Die Treppe kehrt man von oben nach unten«. Ganz oben ist dann auch nicht mehr banal von »Führung« die Rede, sondern verklärt von charismatischer »Leadership«.

Von Peter F. Drucker, dem Pionier der modernen Managementlehre, stammt der Satz: »Nur wenige Menschen sehen ein, dass sie letztendlich nur eine einzige Person führen können und auch müssen. Diese Person sind sie selbst.« Im Gegensatz zum hierarchischen Führungssystem steht das Modell der »individuellen eigenverantwortlichen Selbstführung«. Vor diesem Hintergrund ist Führung von oben prinzipiell zunächst immer eine Form der Entmündigung. Wer führt, ist deshalb generell begründungspflichtig, worin die Wertschöpfung seiner Führung besteht. Eines der ersten Worte, die kleine Kinder aussprechen, heißt »selber« – und dies mit hörbarem Ausrufezeichen. Wer ohne Not in die Selbstverantwortung eines anderen eingreift, sollte sich daher nicht wundern, wenn der Entmündigte sich bequem zurücklehnt, denn entmündigt lässt es sich gut leben: nicht zurechnungsfähig, also ohne Verantwortung.

Ein Unternehmen ist umso besser in der Lage, schnell und flexibel zu sein, je mehr Mitarbeiter die Energie entwickeln, mitzudenken und Wege zu finden, mitzugestalten, gegebenenfalls auch »out of the box«. Eine nach wie vor offiziell etablierte hierarchische Führung kann insofern dazu beitragen, diesen Geist der Selbstverantwortung zu wecken und zu fördern, als sie ihn nicht zu verhindern, auszubremsen oder vorschnell in formelle Strukturen einzuzwängen versucht.

Nicht alle, aber viele Menschen haben Lust, verantwortlich mitzugestalten, wenn man sie nur dazu einladen oder sie zumindest machen lassen würde, statt sie zu behindern. Wenn man ihnen zudem den Freiraum und die erforderlichen Ressourcen gibt oder zulässt, dass sie sich diese selbst besorgen, sich sozusagen selbst beauftragen, sich selbst organisieren und auch die jeweils für notwendig erachtete Form dafür finden, ist das ein wichtiger weiterer Schritt. Jeder zu schnelle Eingriff durch etablierte Hierarchien zerstört die gruppendynamische Energie zur Selbststeuerung!

Um dieses Modell der Selbstführung zu etablieren, braucht es allerdings den entsprechenden Rollenwechsel aufseiten des Managements. Die neue Leitlinie lautet: Der schlechte Manager arbeitet *im* System, das heißt, bei Schwächen greift er unmittelbar ein und kompensiert die Defizite durch eigenes Handeln. Der gute Manager arbeitet *am* System, das heißt, er erkundet gemeinsam mit den Betroffenen, worin das Defizit besteht, wodurch es entstanden ist – und lässt im Anschluss die Betroffenen selbst Lösungen finden. Für die Steuerung im Unternehmen bedeutet das: Es braucht eine Balance zwischen Führungsimpulsen und systemischer Selbststeuerung. Sind die Führungsimpulse zu stark, kann der Wille zur Selbststeuerung deutlich geschwächt werden und die Verantwortung auf Dauer nach oben (zurück-)delegiert werden. Fehlen Führungsimpulse oder sind diese zu schwach, bleibt das System möglicherweise in seiner internen Komfortzone.

Allerdings werden Sie als tatkräftiger Manager immer wieder in Versuchung geraten, die Fehler oder Defizite Ihrer Mannschaft durch eigenes besseres Tun kompensieren zu wollen. Als Coach oder Trainer werden Sie lernen (müssen), Ihr Wissen und Ihre Fertigkeiten den Spielern der Mannschaft zu vermitteln, ohne persönlich in das Handeln einzugreifen, sehr wohl aber das Spiel gut zu beobachten, um anschließend daraus zu lernen – oder auch personelle Konsequenzen zu ziehen.

Führen als wechselnde Funktion verstehen

In jeder Gruppe ist Führen eine natürliche Funktion, die sich je nach Situation und Anforderungen flexibel gestaltet. Jeder hat ausreichend Erfahrung in vielerlei informellen oder formellen Gruppierungen und Vereinen gesammelt, wie Führungsaufgaben je nach Bedarf spontan immer wieder neu verhandelt und verteilt werden. Führen an eine feste, hierarchisch verankerte Position zu binden bedeutet demnach, die natürliche Gruppendynamik zu unterlaufen. Dabei besitzen diese gruppendynamischen Kräfte ein großes Energiereservoir, das genutzt werden kann. Vorhanden sind sie allemal, wirksam auch: entweder als Brems- und Blockadeenergie oder als treibende Kraft der Gestaltung und Selbstorganisation.

Auch Widerstand ist eine Art von Führung: Menschen blockieren den Weg und verhindern, dass bestimmte Dinge auf eine vorgegebene Art oder in einer bestimmten Geschwindigkeit abgewickelt werden. Das passiert in der Familie, im Sport, bei vielfältigen Freizeitaktivitäten, in Vereinen und Verbänden, bei politischen oder gesellschaftlich orientierten Aktivitäten und zunehmend auch in Unternehmen, die hierarchisch organisiert sind. Daher ist das Wissen um die Gruppendynamik das Mittel der Wahl, um den Wandel in der Steuerung von Organisationen maßgeblich mitzugestalten.

Wie gut das Prinzip Selbstführung und Selbstverantwortung seine Wirkung zeigen kann, hängt unter anderem davon ab, dass in einer Gruppe frühzeitig die Rollen und Verantwortlichkeiten geklärt werden:

- Wer nimmt was in die Hand und übernimmt dafür auch die Verantwortung?
- Wer besorgt die notwendigen Ressourcen?
- Wer arbeitet wo und wie mit?
- Wie wird miteinander und nach außen kommuniziert?
- Wer haftet für das Ergebnis des Change-Prozesses?
- Wie wird sichergestellt, dass diese vorläufigen Klärungen ausreichend gecheckt und gegebenenfalls an neue Erkenntnisse angepasst werden?

Das relevante Umfeld des Unternehmens erkunden

In turbulenten Umwelten stellt sich immer wieder die Frage, ob ein Unternehmen oder bestimmte Regelungen ihre ursprüngliche Aufgabe noch erfüllen. Die Möglichkeiten und Anforderungen des Umfelds können sich zum Beispiel geändert haben – und andere »Spieler« im Markt können auf der Basis neuer Technologien oder geänderter Kundenbedürfnisse mittlerweile längst bessere Lösungen gefunden haben oder dabei sein, diese zu finden.

Die Kernfragen von Michael Hammer und James Champy in ihrem Bestseller *Business Reengineering*[3] sind nach wie vor äußerst nützlich: »Warum tun wir das, was wir tun überhaupt?« Und: »Warum tun wir es genauso, wie wir es tun – gibt es nicht längst bessere Möglichkeiten?« Mit diesen beiden Hebeln ist es möglich, im Hinblick auf aktuelle Bedingungen und Entwicklungen im Umfeld regelmäßig das Unternehmen mental auszulöschen und neu zu erfinden; nicht nur das Kerngeschäft, sondern auch die Art und Weise, wie sich das Unternehmen aufgestellt hat.

Nicht wenige Manager sind in der Auswahl und im Betrachten ihres Umfelds zu eng. Sie sehen nur den Kontext, der sie in ihrem Handeln unmittelbar beeinflusst. Das Umfeld setzt sich aber in aller Regel aus mehreren Kontexten zusammen. Diese sind zudem in den meisten Fällen miteinander vernetzt, zum Beispiel Interessen der Stakeholder, Entwicklungen im Markt, bei den Kunden und beim Wettbewerb, neue Technologien, gesellschaftliche Entwicklungen und vieles mehr.

Alle für die Zukunftsfähigkeit ihres Unternehmens oder ihrer Organisation Verantwortliche tun gut daran, sich regelmäßig mit zwei Leitfragen auseinanderzusetzen:

- Wird das, was wir heute gut können, in Zukunft überhaupt noch gebraucht?
- Ist die Art und Weise, wie wir heute unsere Produkte oder Dienstleistungen herstellen und anbieten, hinsichtlich Qualität, Zeit, technologischen Möglichkeiten und Kosten noch der bestmögliche Weg?

Balance von Ökonomie, Ökologie und Sozialem

Der Zusammenhang von wirtschaftlichen und gesellschaftlichen Themen, gerade im globalen Raum, wird auch für die Reputation von Marken immer wichtiger. Kluge und verantwortungsvolle Manager werden die unterschiedlichen Dimensionen – soziale Verantwortung, wirtschaftlicher Erfolg, gesellschaftliche Solidarität und ihre Vernetzung – von Anfang an in ihrem Handeln bedenken und berücksichtigen. Nachdem größere Unternehmen zunehmend in der breiten Öffentlichkeit danach beurteilt werden, verpflichten sie sich im Rahmen entsprechender Zertifizierungen, diese Balance herbeizuführen. Inwieweit der Verpflichtung auch Taten folgen, steht allerdings auf einem anderen Blatt.

Zielbild und strategische Ausrichtung

Mark Twain soll einmal gesagt haben: »Wer nicht weiß, wohin er will, muss sich nicht wundern, wenn er ganz woanders ankommt.« Das gilt auch für Unternehmer: Ziele sind die Basis unternehmerischen Handelns schlechthin und die wesentlichen Impulsgeber für Veränderungen. Ziele definieren konkret den Zustand, den man zu erreichen sucht. Sie müssen daher, wenn sie wirksam sein sollen, überprüfbar und sinnvollerweise mit konkreten Zeitvorstellungen gekoppelt sein. Die Leitfrage lautet demnach: Was wollen oder müssen wir erreichen – und bis wann? Abgeleitet aus der Zielsetzung ist die Strategie der grundsätzliche Weg, auf dem die Hauptziele des Unternehmens erreicht werden sollen. In Anlehnung an das *Bedeutungswörterbuch* des Dudens können wir definieren:

Die Strategie ist ein Plan, wie man sein Ziel am besten, günstigsten oder schnellsten erreichen will, und dabei diejenigen Faktoren oder Ereignisse, die in die eigenen Aktionen – positiv oder negativ – hineinspielen könnten, von vornherein einzukalkulieren versucht.

Keine Unternehmensstrategie beruht auf hieb- und stichfesten Annahmen, denn das Umfeld verändert sich immer schneller. Die getroffenen strategischen Entscheidungen müssen deshalb – unabhängig vom Bemühen um eine konsequente Umsetzung – regelmäßig auf Funktionalität und Erfolgsaussichten hin überprüft werden. So manches Mal zeigt sich früher als erwartet, dass neue Trends, Technologien, Serviceleistungen oder Logistiklösungen sowie nicht zuletzt neue potenzielle Partner und Wettbewerber aufgetaucht sind und bewertet werden müssen. Der Schnellere ist der Klügere und Erfolg hat oft nur einer, nämlich derjenige, der zuerst zur Stelle ist. Ohne exakte und beständige Sensor- und Antennenfunktion – ohne ein gut funktionierendes Radar – verkommt die Strategiearbeit eines Unternehmens unweigerlich früher oder später zur Nabelschau und zu einem operativen Planungsritual.

Viele Manager glauben, mit der Formulierung der Strategie sei ihr Job getan. Der wirklich anspruchsvolle Teil besteht jedoch darin, die Strategie umzusetzen. Dies aber ist nur möglich, wenn sie von allen Mitarbeitern verstanden und als Leitidee für ihr Handeln im Sinne der Unternehmensziele akzeptiert wird. Dazu muss sie aber so kommuniziert werden, dass jeder sie verstehen und auf seine eigene Aufgabe beziehen kann. Es gilt: Wer kein übergreifendes Gesamtbild hat, kann keine übergreifende Verantwortung übernehmen. (Zur Visualisierung eines Zielbilds siehe Kapitel 9, Abschnitt »Strategiehaus«.)

Agile und flexible Organisation statt Silos und Schnittstellen

In der Gründungsphase eines Start-ups agieren die Beteiligten in den meisten Fällen ohne starre Rollenzuteilung. Alles, was notwendig oder aussichtsreich ist, wird möglichst spontan, schnell, unbürokratisch, sozusagen im experimentellen Modus, auf Zuruf erledigt. Mit dem Wachstum des Unternehmens wächst nicht selten die Tendenz, sich in der Struktur und den Prozessen an den herkömmlichen Modellen großer Unternehmen auszurichten, das heißt, möglichst klare Zuständigkeiten vorzugeben und die verschiedenen Bereiche mittels exakt definierter Schnittstellen voneinander abzugrenzen. Angeblich, um sich voll und ganz auf den eigenen Aufgabenbereich konzentrieren zu können – vielleicht aber auch, um gegebenenfalls Schwarzer-Peter-Spiele zu erleichtern. Ich halte diese Vorgehensweise prinzipiell für überholt. Sie zerstückelt die Verantwortung und macht das ganze System langsam und schwerfällig. Wer in unsicherem Gelände überleben will, muss diese Entwicklung verhindern beziehungsweise eingespielte Muster ausrotten. Er muss alles tun, um auf Dauer im experimentellen, flexiblen und agilen Start-up-Modus zu bleiben.

Nach dem Zweiten Weltkrieg war Deutschland ein Trümmerhaufen. Die Infrastruktur lag am Boden. Vor allem in den Städten ging es jeden Tag ums Überleben. Es gab nichts, worauf man sich hätte stützen können. Aber es gab das Zauberwort »Wir gehen organisieren«. Das hieß im Klartext: Wir werden Lösungen finden, oft hart an der Grenze der Legalität, um Tag für Tag unser Überleben zu sichern. Wir fühlten uns unternehmerisch, kreativ, findig – waren stolz auf unseren Einfallsreichtum.

Habe ich es heute als Unternehmensberater mit Fragen der Organisation zu tun, so ist der Beiklang hingegen ein völlig anderer: Organisation bedeutet Ordnung, Zuständigkeit, alles in Funktionen und Abteilungen zergliedert. Organisationen sind juristisch-formalistisch gedacht und gestaltet. Es geht darum, möglichst alles im Gleichklang zu regeln, allgemein gültige Verfahrenssicherheit und -gerechtigkeit zu gewährleisten – aus Angst vor dem Einzelfall, der als Präzedenzfall Schule machen könnte. Jeder handelt und optimiert nur im Interesse seines Teilbereichs. Die Beziehungen zu anderen Bereichen sind nicht selten geprägt von Vorsicht, Misstrauen oder gar Abwehr. Welch ein Unterschied zum früheren spontanen und findigen Organisieren!

Menschen folgen ihrem Grundbedürfnis nach Ordnung, Klarheit und Sicherheit. Viele schaffen es im Arbeitsumfeld nur sehr schwer, auf längere Zeit in ungeregelten Verhältnissen zu leben, und sind versucht, sich durch feste Positionen, klare Abgrenzungen und nicht widerrufbare Symbole der eigenen Wertigkeit abzusichern und einzumauern.

Notwendig wären in den heutigen Zeiten des Umbruchs und der Unsicherheit jedoch lockere Ad-hoc-Regelungen statt starrer Vorschriften. Die Organisation als offenes Netzwerk. Eine Organisation, die an allen relevanten Berührungspunkten mit ihrer Umwelt – Kunden, Markt, Konkurrenz, technologische Entwicklungen, Shareholder und Stakeholder – durch Feedbacksysteme in Verbindung steht und sich dadurch die Möglichkeit verschafft, sich ausreichend schnell neuen Erfordernissen anzupassen.

Die Wege zu dieser Lösung?

1. Wer etwas Neues will, muss vorher Altes zerstören. Auf jedem Joghurtbecher steht ein Verfallsdatum; dies sollte auch für jedwede organisatorische Lösung gelten. Das würde uns zwingen, alle Normen regelmäßig zu überprüfen.
2. Wer größer wird, arbeitet am besten nach dem Prinzip der Zellteilung. Er schaffe sich einen strategischen Rahmen und innerhalb dessen möglichst selbstständige, selbstverantwortliche unternehmerische Untereinheiten.
3. In Zeiten des Wandels ist es für alle eine »zumutbare Zumutung«, auf Dauer in »schlampigen Verhältnissen« zu leben.

Diesem Handeln liegt das generelle Prinzip zugrunde, auf Lösungen ausgerichtet und zeitlich begrenzt zu organisieren, so weit wie möglich ohne längerfristige Festlegungen, sich dabei stets Optionen für alternative Wege offenzuhalten – und sich darauf einzustellen, dass die oben genannten Trends zu Abgrenzungen wie Unkraut im Garten immer wieder neu sprießen und entfernt werden müssen.

Wenn große Unternehmen mit hierarchischen Strukturen und dazu passenden Steuerungsgremien – mit jeweils (zu) vielen Teilnehmern ohne direkte Ergebnisverantwortung – mich fragen, was sie tun können, um den neuen Ansprüchen gerecht zu werden, kann ich nur folgende Ratschläge geben:

- Im Sinne einer Flurbereinigung radikal alle mit der Zeit gewachsenen Gremien entfernen, die keine unmittelbare Ergebnisverantwortung haben, und sie nur bei Bedarf abschnittsweise als Berater hinzuziehen.
- Parallel zur alten Organisation neue Systeme gründen, die sich nach dem Muster von Start-ups organisieren.
- Das bisherige System dahingehend überprüfen, inwieweit die Anreizsysteme noch zu den neuen Anforderungen passen. Ich erlebe sehr häufig, dass zum Beispiel im Leitbild Kooperation und unternehmens- und bereichsübergreifendes Denken nicht nur erwünscht, sondern ausdrücklich gefordert werden, de facto aber nur die Einzelleistung belohnt wird.

Die Macht und Kraft der Emotionen

Strategien, Konzepte und Projekte scheitern zumeist nicht, weil die inhaltliche Ausrichtung nicht stimmt. Sie scheitern an den Menschen und den Emotionen, die im Spiel sind – und zwar bei allen Beteiligten. Manager, insbesondere Männer, neigen dazu, hauptsächlich mit objektiven Fakten, harten Daten und logischen Schlussfolgerungen zu argumentieren. Bauchgefühle und emotionale Anwandlungen werden sorgsam kaschiert. Als professionell gilt, zumindest in unserem westlichen Kulturkreis, ein rational geprägter Habitus: sachlich, cool, unbehelligt von Gefühlsregungen. Angst, Neid, Eifersucht, Rivalität, Rachebedürfnis oder besondere Vorlieben sind Affekte, zu denen man sich angesichts der vorherrschenden Managementethik lieber nicht offen bekennt, eventuell nicht einmal bei sich selbst bewusst wahrnimmt. So verwundert es nicht, wenn in Fachartikeln für Manager nicht von Emotionen die Rede ist, sondern lediglich von Störungen der rationalen Betrachtungs- und Herangehensweise, sozusagen von Irregularitäten. Wer in formellen Managementsituationen emotional agiert, muss mit der Maßregelung rechnen: »Jetzt bleiben Sie doch sachlich!« Um die gewünschte Form zu wahren, wird er vorausschauend das eigentlich Emotionale in sachliche Argumente verpacken, also verschleiern.

Gleichzeitig aber erfahren alle Beteiligten insbesondere bei Veränderungsprozessen, wie viele Emotionen – Ärger, Trauer, Angst, Enttäuschung, Wut, Neid, Verzweiflung – bei den Menschen, die von Veränderungen betroffen sind, im Spiel sein können. Wenn Manager Veränderungen vorantreiben, erwarten sie Engagement, Zuversicht, vielleicht sogar Begeisterung. Negative Emotionen empfinden sie als Störfaktoren, womöglich gar als Ausdruck einer Verweigerungshaltung. Die Folge ist oft der vergebliche Versuch, Widerstände mit rationalen Argumenten aus der Welt zu schaffen.

Manager und Berater sind selbst ebenfalls hoch emotional gesteuert. Sie wollen etwas durchsetzen, Erfolge vorweisen; sie stehen unter Druck, müssen sich gegenüber ihrer Konkurrenz behaupten. Solange aber die emotionalen Themen unter falscher, nämlich versachlichter Flagge segeln, sind sie einerseits nicht bearbeitbar und beeinflussen andererseits trotzdem auf eine nicht erkennbare Weise die sachliche Arbeit. Wer die emotionale Welt bei sich selbst verdrängt – aufgrund seiner Rolle als Manager oder Berater vielleicht sogar glaubt, sie verdrängen zu müssen –, ist schwerlich in der Lage, die Emotionen anderer rechtzeitig zu erspüren, richtig einzuordnen und mit ihnen statt gegen sie zu arbeiten.

Noch wichtiger sind Emotionen als Antriebsfaktor. Der Schweizer Psychiater Luc Ciompi[4] bringt es auf den Punkt: Affekte haben eine starke energetische Funktion. Gefühle wie Neugier, Interesse, Angst, Wut, Freude oder Trauer haben sich im Lauf der Evolution mit bestimmten lebenswichtigen Situationen und Aktivitäten gekoppelt: Erforschung der Umgebung, Flucht, Kampf, Freundschaft schließen oder Abschied nehmen von Verstorbenen. Emotionale Energien können stimulieren und mobilisieren. Sie können aber auch das Denken hemmen, die vitale Energie lähmen und die Aktivität blockieren.

Auf der offiziellen Tagesordnung gut strukturiert

 SACHEBENE Prinzipien der Sachlogik

Ziele, Aufgaben, Themen, Projekte etc. konzipieren, strukturieren und nach allen Regeln der Kunst durchführen ...

Wertschätzung versus Missachtung; Vertrauen versus Misstrauen, Rangreihe und Positionierung in einer Gruppe; emotionale Beziehungen zu anderen bzw. Abgrenzungen und Rivalitäten; Verteilung von Macht u. Einfluss; eigene und fremde Ansprüche – und ihre Akzeptanz; Blockaden; Gruppendruck und Gruppensog; persönliche Stimmungslage bzw. Befindlichkeit: sich wohlfühlen oder sich schlecht fühlen

 BEZIEHUNGSEBENE Emotionales und Gruppendynamik

Meist verdrängt oder weggedrückt, aber umso wirksamer...

Abbildung 4: Sach- und Beziehungsebene, *Illustration: Suess Design/Daniel Huber*

Etwas nicht sehen oder nicht sehen wollen bedeutet eben nicht, dass es nicht vorhanden ist. Im Gegenteil: Das Verdrängen des Emotionalen ist letztlich das Problem, für dessen Lösung es sich hält. Die Weigerung, sich damit auseinanderzusetzen, hat mit tiefer Unsicherheit zu tun: Man weiß – mangels Wissen und Erfahrung – nicht, wie man am besten damit umgehen soll. Dazu kommt das weitverbreitete, kulturell bedingte Vorurteil, dass es nicht zum Bild eines tüchtigen Managers passt, sich eingehend mit sogenannten weichen Faktoren zu befassen. Dies ist fatal, denn die vorhandenen Reserven des »Rohstoffs« Energie werden dann gar nicht erst erkundet, geschweige denn erschlossen. Doch Change Management ist zum großen Teil Energie- und damit Emotionsmanagement!

Diese zwei Ebenen – die Sachebene und die emotionale Beziehungsebene – in relevanten Situationen immer wieder zu identifizieren und in ihrem Zusammenspiel zu betrachten bleibt eine dauernde Anforderung für alle Beteiligten am Change-Prozess.

Wenn Sie als Manager, Berater oder Beteiligter das Zusammenspiel der beiden Ebenen in einer aktuellen Situation thematisieren, können Sie sich darauf einstellen, dass die Betroffenen zunächst mit Abwehr und Verleugnung reagieren. Lassen Sie sich dadurch nicht entmutigen, sondern schildern Sie mit demonstrativer Gelassenheit Ihre persönlichen Eindrücke dahingehend, was im Moment gerade läuft und wie sich das auswirken könnte – jedoch ohne die Betroffenen zu belehren und ohne ihnen Vorwürfe zu machen. Es kann durchaus eine gewisse Beharrlichkeit notwendig sein.

Konfliktmanagement: Vorsorge und Früherkennung

Menschen erleben Veränderungen meist als Zumutung und begegnen ihnen daher zunächst einmal mit Widerstand. Daraus folgt: Mit Veränderungen sind in aller Regel Konflikte verbunden. Daher ist Change Management immer auch Konfliktmanagement – auf den unterschiedlichsten Ebenen. Schon rein sachliche Fragestellungen können zu harten Auseinandersetzungen führen. Die weit größere Herausforderung liegt aber darin, mit den damit verbundenen individuellen emotionalen Spannungen und Verstrickungen der Betroffenen sowie den zugrunde liegenden Interessenkonflikten umzugehen.

Häufig kann man folgenden typischen Verlauf beobachten: Es gibt einen strittigen Punkt und man diskutiert darüber. Die Diskussion gerät zum Streitgespräch, dieses wiederum zur harten Auseinandersetzung. Emotionen heizen die Szene weiter an. Die Gegner verkeilen sich in einem Abtausch von Angriff und Gegenangriff ineinander. Am Schluss gibt es entweder einen Sieger und einen Besiegten – oder zwei Verlierer. Zurück bleiben immer die Schäden, im günstigsten Fall gestörte zwischenmenschliche Beziehungen, im ungünstigsten Fall verbrannte Erde.

Die Fähigkeit, Konfliktpotenzial rechtzeitig zu erkennen, die beteiligten Konfliktparteien mit ihren unterschiedlichen Interessen frühzeitig an einen Tisch zu bringen und den Prozess so zu steuern, dass unfruchtbare kämpferische Auseinandersetzungen vermieden werden, ist eine Grundvoraussetzung für erfolgreiche Führung. Es braucht kein Wunderwerk. Oftmals genügt es, dass das Problem und das damit verbundene Konfliktpotenzial rechtzeitig offen angesprochen werden und den Beteiligten bewusst wird, dass im Endeffekt alle verlieren – und die Wege zu einer Lösung sind wieder offen.

Sogenannte Fehler neu bewerten

Die alte Form der Führung ist in vielen Fällen durch genau festgelegte Vorgehensweisen bestimmt, die sich in einem stabilen Kontext bewährt haben. Wer diesen Pfad verlässt, handelt fahrlässig und riskiert Fehler. Und Fehler werden in diesem Rahmen als Vergehen betrachtet, die es unbedingt zu vermeiden gilt. Die »Sünder« werden nicht selten an den Pranger gestellt, bestenfalls werden sie ermutigt und angehalten, daraus zu lernen und sich in Zukunft an das bewährte Vorgehen zu halten.

Im neuen Modus flexiblen, experimentellen Handelns braucht es eine grundsätzlich neue Haltung, die sich am Modell von Forschern orientiert, die unvoreingenommen auf Erkundung gehen. Im Kontext experimentellen Handelns werden Abweichungen von erwarteten Ergebnissen nicht als Fehler angesehen, die es zu vermeiden, sondern als Überraschungen, die es zu durchleuchten gilt!

Kommunikation und echtes Feedback

Wer nicht nur Funktionäre gebrauchen kann, die Vorgedachtes ausführen, sondern Menschen, die mitdenken und mitgestalten, der muss eine sorgfältige Information und Kommunikation über die zukünftige Ausrichtung des Unternehmens gewährleisten, sobald klar ist, wohin die Reise gehen soll. Die Formen der Beteiligung müssen dabei wahrscheinlich stufengerecht gestaltet werden, aber möglichst alle müssen die Strategie des Unternehmens verstehen und überall, wo sie direkt von der Umsetzung betroffen sind, beteiligt werden. Wenn das Management monatelang im kleinen Kreis um eine Strategie gerungen hat, kann es nicht erwarten, dass die Mitarbeiter mit einer dürren, womöglich schriftlichen Information ins Boot geholt werden können.

Selbst wenn offen kommuniziert wird, bleiben während der Findungsphase viele Mitarbeiter völlig desinteressiert. Beabsichtigte Veränderungen werden häufig erst zur Kenntnis genommen, wenn die Entscheidungen getroffen sind. So kommt es, dass sich Widerstände oft erst manifestieren, sobald es an die Umsetzung geht – als wäre alles wie ein Blitz aus heiterem Himmel gekommen. Die Brisanz dieser Phase ist nicht zu unterschätzen! Es ist eher die Ausnahme, dass es bereits beim ersten Anlauf gelingt, sich zu verständigen. Beobachtet man Kommunikationsprozesse genauer, ist häufig eine typische Vorgehensweise zu erkennen, um die Verständigung dann doch herbeizuführen: Der Sender sendet mehr vom selben, nur noch stärker. Wenn der Sender den Eindruck hat, seine Botschaft sei nicht angekommen, dann wiederholt er sie, findet neue Argumente, verschärft eventuell den Ton, erhöht den Druck, zeigt seine Ungeduld – was auch körperlich über den Tonfall oder die Mimik zum Ausdruck kommt. Er bleibt auf jeden Fall auf Sendung in der Hoffnung, seine Botschaft irgendwie doch noch platzieren zu können. Er merkt in seinem Übereifer nicht, dass sich der angepeilte Empfänger mit jeder Wiederholung oder Verstärkung der Dosis immer stärker verschließt. Der Adressat verweigert sozusagen den Empfang aus unterschiedlichen Gründen: Angst, Unverständnis, Ärger, Erschöpfung.

Die Lösung läge auf der Hand: nicht erneut senden, sondern zuerst erkunden, was genau beim anderen angekommen ist. Das heißt Feedback einholen. Es gibt jedoch mindestens zwei Gründe, weshalb diese simple Lösung nicht ohne Weiteres in Anspruch genommen wird: Wer auf Sendung ist, hat sozusagen die Geländehoheit. Wer hingegen um Feedback bittet, betritt riskantes Gelände, denn er weiß nicht, was kommt, muss auf Überraschungen gefasst sein, da unter Umständen Aspekte angesprochen werden, die ihm im Moment überhaupt nicht ins Konzept passen. Er liefert sich einer möglichen Strömung aus, die er nicht steuern kann. Diese Unsicherheit oder auch Angst bewegt viele Manager dazu, lieber auf Sendung zu bleiben, statt mithilfe von Feedback auf Erkundung zu gehen.

Das richtige Feedback im Umgang miteinander zeichnet sich durch folgende Kriterien aus:

- Der Empfänger oder Beobachter beschreibt, was er gesehen oder gehört hat.
- Er teilt mit, was er (subjektiv) wahrgenommen hat und was seine Wahrnehmung bei ihm auslöst.
- Er interpretiert nicht.
- Er verallgemeinert nicht.
- Er bewertet nicht.

In der Praxis lassen sich jedoch folgende Fehlentwicklungen beobachten: Es wird sehr viel interpretiert und bewertet. Und es werden Empfehlungen ausgespro-

Abbildung 5: Ganzheitliche Unternehmensführung

chen, zum Beispiel »Du solltest besser darauf achten, dass …«, oder es werden Wünsche geäußert, wie etwa »Ich wünsche dir jemanden in deinem Umfeld, der sich traut …«, oder Hoffnungen formuliert, wie »Ich hoffe, dass es dir gelingt …«, oder Zuversicht geäußert »Ich bin sicher, dass du …«. Dadurch verliert das Feedback seine Wirkkraft.

Feedback ist weder eine Erziehungsmaßnahme noch Beratung, Trost oder ein weihnachtlicher Geschenkparcours. Mit der Erziehungs- und Trostkomponente nimmt der Feedbackgeber zudem eine erhöhte Position ein, die ihn vor möglichen »Gegenangriffen« schützen soll. Höflichkeit und Relativierungen lassen die Luft raus und verdecken die Realität mit Schminke und Girlanden.

Handeln im experimentellen Modus

Das gängige Modell, die Entwicklung einer Idee sequenziell zu betreiben, ist nach wie vor weit verbreitet:

1. Idee ersinnen
2. Konzepte erstellen
3. In einem Pilotprojekt testen (gegebenenfalls mit Begleitforschung)
4. Erkenntnisse auswerten
5. Gegebenenfalls weitere Erprobungen oder Ausdifferenzierung der Konzepte
6. Rollout oder Idee beerdigen

Ich halte dieses schrittweise Vorgehen für überholt. Das neue Modell heißt, in einem Change-Projekt verschiedene Teilaspekte im experimentellen Modus gleichzeitig zu bearbeiten. Eine Idee verfolgen, in der Umsetzung bereits ausprobieren und parallel dazu weitere Alternativen entwickeln, um auf mögliche Überraschungen gefasst zu sein.

Vor dem Hintergrund allgemeiner menschlicher Grundbedürfnisse (unter anderem nach Klarheit und Sicherheit, mit denen wir uns später noch beschäftigen werden) wird es vielen Managern und Mitarbeitern nicht leichtfallen, einfach umzuschalten. Doch es führt letztlich kein Weg daran vorbei, große Konzepte oder Projekte in Module zu gliedern, im Hier und Jetzt mehrere Aktionen gleichzeitig voranzutreiben, um frühzeitig Erkenntnisse aus direkten Erfahrungen zu gewinnen. Erfahrungen im Hinblick auf die sachlichen Aspekte, also ob und wie die Dinge überhaupt funktionieren oder warum sie nicht funktionieren und welche alternativen Wege es geben könnte. Erfahrungen aber auch auf der emotionalen Ebene und der zugrunde liegenden »Psycho-Logik«, nämlich wie die Betroffenen bestimmte Themen erleben, wie sie damit umgehen, wo, warum und in welcher Form Blockaden auftreten, wo Energiefelder vorhanden sind und wie diese erschlossen werden könnten. Die Betrachtung dieser beiden Ebenen und ihre Verschränkung ergibt den wahren Erkenntniswert.

Das Gesamtkonzept des Change-Projekts wird wie ein Bebauungsplan in einer Roadmap visualisiert, gibt einen Überblick, was bisher gelaufen und was aktuell geplant ist – und wird als anpassungsfähiger Entwurf immer wieder aktualisiert. Um den sachlogischen Plan herum oder in bestimmte Schritte eingebaut, werden die psychologischen Erfahrungen und die Erkenntnisse daraus in Form von Vorhersagen wie in einer Wetterkarte festgehalten und visualisiert. Mehr dazu in Kapitel 9, Abschnitt »Emotionale Wetterkarte«.

Identität nach dem Prinzip »Stirb und werde«

Neue Entwicklungen im Umfeld können unter Umständen den Status quo einer Organisation oder einer persönlichen Ausrichtung gefährden. Sie können aber auch neue Chancen eröffnen. Alle sind mit dem gleichen Umfeld konfrontiert und gut beraten, vor diesem Hintergrund regelmäßig ihre bisherige Ausrichtung zu hinterfragen, gegebenenfalls anzupassen, einschneidend zu verändern oder gar radikal zu zerstören und sich neu zu erfinden.

Eine radikale Neuausrichtung in Form von disruptivem Change funktioniert allerdings nur auf der Basis einer entsprechend radikalen Veränderung der bisher wirksamen mentalen Grundeinstellungen. Der österreichische Nationalökonom Joseph Schumpeter hat dies treffend zum Ausdruck gebracht: »Innovation braucht schöpferische Zerstörung.«

Kontinuität und damit einhergehender Stolz auf den langen Bestand des Unternehmens oder bestimmte Regelungen sind kein Wert (mehr) an sich. Im Hinblick auf notwendige schnelle Veränderungen kann sich die Wertschätzung von Kontinuität für die Zukunft sogar als Blockadefaktor erweisen. Es kann dazu führen, zu lange am Bestehenden festzuhalten; zwar nach vorn zu fahren, den Blick jedoch in den Rückspiegel gebannt. In seinem Gedicht »Selige Sehnsucht« beschreibt Johann Wolfgang von Goethe Werden und Wandeln, Willkommen und Abschied als die eigentlichen Prinzipien des Lebens. Es gibt mittlerweile ausreichend aktuelle Beispiele in unterschiedlichen Feldern, wie etwa die Automobilindustrie oder die Energie- und Bankenbranche, die zeigen wohin es führt, wenn existenzielle Fragen nicht rechtzeitig gestellt und nicht radikal genug bearbeitet werden.

Führen ist komplexer geworden. Wer heute ein Unternehmen oder eine Institution als Manager erfolgreich in die Zukunft führen, also zukunftsfähig machen oder als Berater unterstützend zur Seite stehen will, muss mehrere Stellhebel gleichzeitig im Blick haben und bedienen. Zum einen muss er das Unternehmen in seiner Zielsetzung mit seinem Angebot auf den aktuellen Stand bringen. Dazu muss er das Umfeld mit dessen unterschiedlichen Dimensionen und Entwicklungen sorgfältig analysieren und aus diesen Erkenntnissen entsprechende Konsequenzen ableiten im Hinblick auf Ziele, Produkt- beziehungsweise Leistungsportfolios, Prozesse und Strukturen des Unternehmens. Das instabile Umfeld bringt es mit sich, dass je nach Situation schnell und radikal gehandelt werden muss, dass aber einzelne Handlungsschritte genauer geprüft werden müssen – und insgesamt alles experimenteller Natur sein muss. Zum anderen muss er herausfinden, wie er auf diesem unsicheren Weg die Mitarbeiter mitnimmt und ihren zum Teil unterschiedlichen, gegebenenfalls widersprüchlichen Erwartungen gerecht wird, sodass sie die Entwicklungen nachvollziehen, den Sinn der Veränderungen verstehen und bereit sind, die Umsetzung aus innerer Überzeugung mitzugestalten.

Allerdings können oder wollen nicht alle Mitarbeiter diesen Weg in dieser Form mitgehen. Je höher die Unsicherheit, umso stärker ist bei einigen die Tendenz, die neue experimentelle Vorgehensweise und das Angebot, diesen Weg verantwortlich mitzugestalten, gar nicht verstehen zu wollen, sondern sich nach klaren Ansagen von oben auszurichten – und damit die gesamte Verantwortung nach oben zurückzudelegieren. Das bedeutet aber, die Mitarbeiter nicht nur in ihrer emotionalen Befindlichkeit ernst zu nehmen, sondern mit ihnen auch zeitgemäße Arbeits- und Organisationsformen zu finden, die nicht nur ihren persönlichen Erwartungen, sondern auch den Bedürfnissen des Unternehmens und den technologischen Möglichkeiten gerecht werden.

Um diese unterschiedlichen Aspekte und Anforderungen gleichzeitig im Auge zu haben und die entsprechenden Handlungsschritte rechtzeitig einzuleiten, benötigen die für die Zukunftsfähigkeit verantwortlichen Führungskräfte und Berater eine mehrdimensionale, also ganzheitliche Kompetenz. Als Pendant zu den notwendigen sachlich-fachlichen und strategischen Aspekten gehört die Fähigkeit dazu, die notwendigen Auseinandersetzungen in Form von intensiven Dialogen zu führen, ohne Angst vor Konflikten, das heißt in offener Kommunikation mit integriertem Feedback – ohne die naive Hoffnung, dass sich die unterschiedlichen, zum Teil sogar widersprüchlichen Anforderungen und Erwartungen irgendwie schon von allein regeln werden oder dass Change-Projekte nach dem Prinzip »Befehl und Gehorsam« einfach durchgezogen werden könnten.

Kapitel 4

WARUM DAS ALLES NICHT SO EINFACH IST

> »*Die größte Schwierigkeit der Welt besteht nicht darin, Leute zu bewegen, neue Ideen aufzunehmen, sondern alte zu vergessen.*«
>
> JOHN MAYNARD KEYNES
> ENGLISCHER ÖKONOM

Viele Change-Projekte scheitern nicht daran, dass die verantwortlichen Manager und Berater nicht wissen, welchen An- und Herausforderungen sie gegenüberstehen. Sie scheitern an der einseitigen Art, wie Change-Projekte geplant und durchgeführt werden. Die Prinzipien, die diesem einseitigen Konzept zugrunde liegen, orientieren sich nahezu ausschließlich an einer sachlich-rationalen Betrachtungsweise: Wie muss die neue Strategie sein, damit das Unternehmen dem neuen Kontext gerecht wird? Welche Geschäftsprozesse und Unternehmensstrukturen sind notwendig, um die Strategie erfolgreich umzusetzen? Wie müssen sich die betroffenen Mitarbeiter verhalten, damit Strategie, Prozesse und Strukturen schnell und konsequent umgesetzt werden? Menschen sind allerdings keine seelenlosen Maschinen, die auf Knopfdruck reagieren. Es gibt neben der in der Konzeption vorherrschenden Sachlogik eine Psycho-Logik der Betroffenen. Ich werde in diesem und dem darauffolgenden Kapitel näher beschreiben, wie sich die Betroffenen normalerweise beim Start von Veränderungen verhalten und welche Muster diesem Verhalten zugrunde liegen. Wer die Ausgangssituation versteht, hat einen zweifachen Gewinn: Er ist einerseits nicht überrascht, auch nicht enttäuscht über spontan zögerliches oder auch ablehnendes Verhalten der von Veränderungen Betroffenen. Andererseits kann er diese Ausgangssituation von vornherein in seinem Change-Konzept berücksichtigen. Wer diese generelle Ausgangssituation nicht versteht oder nicht verstehen beziehungsweise ernst nehmen will, darf sich nicht wundern, wenn sein Change-Projekt scheitert.

Menschliche Grundbedürfnisse

Ob in ausgefeilter Pyramidenform, wie es der amerikanische Psychologe Abraham Maslow bereits in den 1940er-Jahren formuliert hat[5], oder ohne differenzierte Reihenfolge aneinandergereiht, es gibt allgemeine Grundbedürfnisse, nach denen Menschen im Allgemeinen ihr Verhalten ausrichten und ihre Energie steuern. Das Ausmaß der Erfüllung dieser

Grundbedürfnisse korrespondiert mit dem Grad der Zufriedenheit.

Die ausreichende Befriedigung der rein physiologischen Grund- und Existenzbedürfnisse ist sicherlich die generelle Basis für Zufriedenheit. Doch wie stark und ausgeprägt diese rein körperliche Bedürfnisbefriedigung sein muss, kann meines Erachtens je nach Situation und vorherrschender Kultur sehr unterschiedlich sein. Parallel, sogar in gewisser Weise unabhängig von der Befriedigung körperlicher Grundbedürfnisse, fühlen sich Menschen dann wohl, wenn folgende psychologische Bedürfnisse ausreichend befriedigt sind:

- Menschen möchten wissen, was los ist, wo es langgeht; sie möchten den Sinn einer bestimmten Sache verstehen. Sie wollen *Klarheit*.
- Menschen geht es gut, wenn sie sich auskennen, wenn *Ordnung* herrscht. Selbst Diktatoren erhalten eine gewisse Anerkennung, solange sie für Ordnung sorgen.
- Menschen lieben keine Überraschungen, außer positive. Sie möchten *Sicherheit*. Sie möchten einigermaßen vorhersehen können, was auf sie zukommt, sich darauf einstellen und planen können.
- Mit das Schlimmste, was man einem Menschen antun kann, ist Isolationshaft. Menschen benötigen gesellschaftliche Kontakte, emotionale Beziehungen. Sie wollen nicht allein sein. *Zugehörigkeit* zu einer Gruppe und damit verbunden Geborgenheit

und Wertschätzung sind emotional überlebensnotwendig, egal ob in einer Partnerschaft, Familie, Clique, Gang, im Gefängnis oder in einem Verein.
- In Drucksituationen müssen Menschen das Gefühl haben, dass sie etwas tun können und dass ihr Handeln etwas bewirkt. Sie benötigen *Handlungsfähigkeit* im Sinne von Handlungsmöglichkeiten, statt sich hilflos fremden Kräften ausgeliefert zu fühlen. Ansonsten geraten sie unter Stress.

Diese Grundbedürfnisse sind wie ein Naturgesetz. Unter Umständen kann man bestimmte Befriedigungen hinauszögern, aber das ändert nichts an ihrem grundsätzlichen Einfluss. Auf der Basis dieser Erkenntnisse lässt sich oftmals erklären, warum Change-Prozesse nicht so laufen wie erwartet oder erhofft. Vor diesem Hintergrund können wir für eine Reihe von Problemen, die nahezu bei jedem Veränderungsprojekt auftauchen, brauchbare Erklärungen beziehungsweise Antworten finden, die zugleich Hinweise beinhalten, wie wir damit umgehen oder darauf reagieren können:

- Weshalb ist der Ausgangsstatus oft so beharrend?
- Warum und wie versuchen Menschen, unauffällig Veränderungen zu blockieren?
- Warum ist Widerstand auf Veränderung eine völlig normale Reaktion?
- Weshalb verwechseln Manager – zum Teil bewusst – häufig Information mit Kommunikation?

Die beharrenden Kräfte des Status quo

Wir haben im vorherigen Kapitel davon gesprochen, dass es notwendig ist, vor dem Start ein Zielbild zu definieren, damit alle wissen, wohin die Reise gehen soll. Manche erhöhen das Zielbild zu einer Vision und dann folgt das große Staunen darüber, dass die Betroffenen sich trotz klarer Ausrichtung nicht voller Elan in Bewegung setzen. Warum passiert das nicht? Des Rätsels Lösung: Das Zielbild beziehungsweise die Vision ist rational gut aufgebaut und schlüssig begründet, aber um sich in Bewegung zu setzen, reicht der Verstand allein nicht aus. Dazu braucht es einen emotionalen Schub. Dieser kann nur aus einer von zwei Quellen kommen: Entweder das Neue ist dermaßen attraktiv, dass es einen regelrechten Sog auslöst und man unbedingt dorthin will, oder man verspürt große Angst vor der aktuellen Lage, sodass man unbedingt die aktuelle Situation verlassen beziehungsweise verändern will. Solange weder das eine noch das andere ausreichend stark ausgeprägt ist, verharren die Betroffenen im aktuellen Status.

Doch was macht den Status quo dermaßen stabil, dass man ihn nicht ohne zwingenden Grund aufgeben will? Wer Bewegung in diese Situation bringen, sozusagen den Status quo dynamisieren will, muss herausfinden, nach welchen Regeln der aktuelle Zustand funktioniert, welche Bedürfnisse damit befriedigt werden, wo sich die Stellhebel befinden, um eine Veränderung in Gang zu setzen, und wie diese zu bedienen sind.

Form, Prozesse, Ausrichtung und Spielregeln einer Organisation sind das Resultat von bestimmten Ansichten und Interessen – und ergaben zur Zeit ihres Entstehens in bestimmter Hinsicht einen Sinn. Diese Ansichten und Interessen müssen noch ausreichend stark sein, sonst würde der Status quo in dieser Form nicht mehr bestehen. Das gilt auch für grobe Missstände. Wer klagt, muss nicht unbedingt leiden oder das Bedürfnis haben, daran etwas zu verändern. Denn man sieht die Schuld nicht bei sich selbst (oder will sie dort nicht sehen) beziehungsweise ist davon überzeugt, nichts ändern zu können, selbst wenn man wollte. Wie lassen sich diese Stabilität und dieses Festhalten am Status quo erklären?

Die Grundbedürfnisse lassen uns rückwärts schauen

In der Vergangenheit kennen wir uns aus, sie befriedigt unsere Grundbedürfnisse. So lange wie möglich beurteilen wir deshalb das Neue, das Zukünftige mit den Augen der Vergangenheit: Wir suchen für neue Probleme alte Lösungen. Je unsicherer die Zukunft ist, umso mehr blicken wir zurück. Deshalb hängen wir auch an zurückliegenden Erfahrungen, da wissen wir Bescheid. Das gibt Sicherheit. Obwohl schon der österreichische Schriftsteller Karl Heinrich Waggerl so treffend formulierte: »Erfahrungen wären nur dann von Wert, wenn man sie hätte, bevor man sie machen muss.« Profaner formuliert: Wir fahren als Deutsche zum Beispiel gerne nach Italien in den Urlaub, also in ein fremdes Land mit fremder Sprache und einer anderen Lebensweise. Das südliche Land und seine Sitten sind uns fremd, nur die gemeinsame Währung entschärft mittlerweile ein wenig diese Fremdheit. Doch sobald wir eine Kneipe mit deutschem Bier und »Wurstel mit Krauti« gefunden haben, fühlen wir uns zu Hause. Dann brauchen wir nur noch eine bauchige Flasche Chianti und einen Italiener, der uns mit »O sole mio« beglückt – und schon fühlen wir uns mit diesem Land vertraut. Wir haben uns nicht mit der Fremde, sondern wir haben uns die Fremde vertraut gemacht. Wir haben gut eingespielte Reaktionsmuster, um uns vor Neuem zu schützen.

Sich wirklich mit der Zukunft auseinanderzusetzen würde ein offensives Herangehen erfordern. Das aber kollidiert grundsätzlich mit unserem Bedürfnis nach Sicherheit und unserer Suche nach Vertrautem.

Widerstand – Schutz und siamesischer Zwilling von Veränderung

Widerstand ist im Rahmen von unbekannten oder unerwünschten Entwicklungen eine ganz normale Begleiterscheinung. Widerstand ist quasi der siamesische Zwilling von Veränderung. Widerstand zwingt zu Denkpausen, zu klärenden Gesprächen, möglicherweise auch zu einer Kurskorrektur. Wenn Zeitdruck herrscht, erscheint Widerstand deshalb außerordentlich lästig. Weil Widerstand im Allgemeinen nicht als Tugend gilt, sondern meist negativ apostrophiert wird, wird er in aller Regel verdeckt ausgeübt; er läuft sozusagen unter falscher Flagge. Die Formen, in denen sich Widerstand äußert, sind vielfältig: Unaufmerksamkeit, Zähflüssigkeit, scheinbar unüberwindbare Schwierigkeiten in der Terminfindung, Unpünktlichkeit, Fernbleiben, Verzögern von Entscheidungen, Lustlosigkeit, Schweigen, Grundsatzdiskussionen.

Im System verankertes Widerstandspotenzial

Alle sozialen Systeme, ob Unternehmen, Bereiche, Vereine, Parteien, Familien, eben Organisationen aller Art – politisch, wirtschaftlich, gesellschaftlich –, haben Normen, mit deren Hilfe sie versuchen, ihre Strategie, Strukturen, (Geschäfts-)Prozesse und das Verhalten ihrer Mitglieder zu steuern, auszurichten und zu bewerten. Diese Ordnungen sind manchmal explizit in Form von Leitlinien, Grundsätzen für Führung und Zusammenarbeit oder in einem Leitbild ausdrücklich dargestellt oder werden in Form von Geschichten weitergegeben. Darin kommt unter anderem zum Ausdruck: Wer wollen wir sein? Wie wollen wir nach innen und nach außen auftreten? Wie arbeiten wir zusammen? Was wollen wir bewirken? Was ist hier erwünscht, was nicht? Wer hat hier das Sagen?

Wie muss man sich hier verhalten? Wie kann man sich hier entwickeln? Wie groß ist der persönliche und funktionsbedingte Gestaltungs- und Bewegungsspielraum? Mit welchen Belohnungen und Sanktionen kann beziehungsweise muss man hier rechnen? Solche Spielregeln machen den Kern der offiziell gewünschten Unternehmenskultur aus. Sie definieren eine spezielle Identität, grenzen dadurch ein und gleichzeitig von anderen ab. Man weiß, wer man ist, mit wem man es zu tun und was man zu erwarten hat. Die Spielregeln sind sozusagen eine essenzielle Orientierung sowohl für die Mitglieder des Systems als auch für die Kunden.

Tradierte Ordnungen – edle Schlupflöcher mit eingebautem Widerstandspotenzial

Diese expliziten oder impliziten Regeln beziehungsweise Ordnungen sind irgendwann definiert worden oder haben sich im Laufe der Zeit entwickelt. Sie orientieren sich per se an der Vergangenheit. Sie beinhalten Erfahrungen, die sich in der Vergangenheit in einem bestimmten Kontext bewährt haben, und Normen, die damals allgemeine Geltung hatten. Aus dieser Orientierung an der Vergangenheit ergibt sich ein grundsätzliches Dilemma: Was ist, wenn ein völlig neuer Kontext entsteht, in dem das Festhalten an bestimmten Ordnungen nicht nur nutzlos, sondern geradezu kontraindiziert ist? Sie müssten folgerichtig immer wieder daraufhin überprüft werden, inwieweit sie dem aktuellen Kontext überhaupt noch gerecht werden.

Warum aber werden alte, im Grunde überholte Ordnungen trotz neuem Kontext häufig so lange beibehalten? Ganz einfach: Unterstützt durch die Bewertung von Kontinuität als Wert an sich vermitteln solche Ordnungen durch ihre Vertrautheit eine scheinbare Sicherheit. Gleichzeitig dienen sie als Container mit dem edlen Etikett »Kontinuität sichern«, in dem Betroffene, die gegen die Veränderung sind, ihre gegenläufigen Interessen clever verstecken können, ohne sich der Auseinandersetzung stellen zu müssen. Unternehmenskultur kann so zum edlen Deckmantel für massive Partikularinteressen werden, die nicht (mehr) hilfreich sind für die Bewältigung der anstehenden Herausforderungen. Womöglich wäre statt Kontinuität gerade eher Zerstörung nötig; starke Führung kann die Entmündigung derjenigen bedeuten, die aus eigenem Antrieb etwas bewerkstelligen wollen und auch könnten; die eindeutige Zuordnung von Verantwortung kann als Legitimation für starre Strukturen und Silodenken herangezogen werden, wo unternehmensübergreifendes, agiles und flexibles Organisieren wichtig wäre. Wer mit neuen Formen von Selbstverantwortung, agiler und flexibler Organisation konfrontiert wird, muss sich damit gar nicht auseinandersetzen, da er durch die herrschende Unternehmenskultur abgesichert ist.

Veränderungsfeindliche Muster

Aus den Grundbedürfnissen Klarheit, Ordnung, Sicherheit, Zugehörigkeit und Handlungsfähigkeit sowie dem zunächst vorhandenen Widerstand gegen die geplanten Veränderungen lassen sich bestimmte Muster ableiten, die radikale (disruptive) Veränderungen blockieren, deutlich verzögern oder zumindest behindern. Im Rahmen von Veränderungsprojekten erlebe ich viele Menschen, die ihr Glück nicht darin suchen, mitzugestalten, sondern sich darüber beklagen und mehr oder weniger verdeckt versuchen, das Change-Projekt zu verzögern oder zu blockieren. Der amerikanische Psychologe Paul Watzlawick hatte den Eindruck, dass nicht wenige Menschen für sich beschlossen haben, unglücklich zu sein, um im selbst gewählten Unglück ihr Glück zu finden. Das animierte ihn zu einem Buch mit dem Titel *Anleitung zum Unglücklichsein*.[6] Angeregt durch Watzlawicks Beispiel im Folgenden einige Hinweise, wie wir uns verhalten, wenn wir verhindern wollen, dass Change erfolgreich gestaltet werden kann:

Wir planen linear – da kennen wir uns aus: Es ist, wie es ist! Läuft es gut, dann schreiben wir dies voller Stolz auf das Konto unserer persönlichen Leistung. Läuft es nicht so gut, dann liegt es eher an den Umständen, die schlichtweg nicht vorhersehbar waren. Überraschungen sind nicht vorgesehen und deshalb auch nicht eingeplant. Wir neigen dazu, zu extrapolieren, das heißt, die aktuelle Lage und ihre Vergangenheit einfach in die Zukunft fortzuschreiben, unter anderem weil wir für eine offene, ungewisse Zukunft keine festen Verhaltensmuster haben, wohl aber für die Vergangenheit. Wir bleiben lieber auf vertrautem Terrain.

Wir suchen nach dem Schuldigen – damit sind wir aus dem Schneider: Viele Menschen leben in unglücklichen Verhältnissen, tun aber konkret wenig bis nichts, um ihre Situation zu verändern. Sie konzentrieren sich vielmehr darauf, herauszufinden, wer schuld ist, um dann die Schuldigen anzuprangern und sich über sie zu empören. Diese inszenierte Empörung verfolgt zwei Ziele: zum einen emotionale Entlastung, zum anderen Ablenken von der eigenen Verantwortung. Das geschieht so in Unternehmen, wenn Fehler oder Versäumnisse passieren, das geschieht aber häufig auch im privaten Umfeld, wenn sich Erwartungen nicht erfüllen und man selbst keine Lust oder Energie hat, den wahren Ursachen auf den Grund zu gehen.

Die Suche nach dem Schuldigen ist die völlig spontane, geradezu natürliche »psycho-logische« Reaktion auf Missstände. Man findet es unfair oder ungerecht, Menschen für die Lösung von Problemen zur Verantwortung zu ziehen, die sie selbst nicht verursacht haben, während die wahren Übeltäter »ungestraft« bleiben. Das bessere Wissen, dass im Endeffekt nur Lösungen helfen und alles andere Energieverschwendung ist, kämpft sozusagen gegen das emotionale Grundbedürfnis nach Rache oder zumindest nach Fairness und Gerechtigkeit. Das eigene Verhalten an Lösungen auszurichten, statt sich in erster Linie an der Suche nach dem Schuldigen zu beteiligen, ist eher die Ausnahme, nicht die Regel.

Wir schinden Zeit – denn kommt Zeit, kommt Rat: Reift die Erkenntnis, dass doch Handlungsbedarf bestünde, scheuen viele davor zurück, sich unmittelbar mit der Situation auseinanderzusetzen. Es geht vielmehr darum, Zeit zu gewinnen. Diese Form der Abwehr manifestiert sich in unterschiedlichen Formen. Oftmals wird das vorgeschlagene Veränderungsprojekt zunächst »ganz grundsätzlich« oder »im Prinzip« oder »eigentlich« als durchaus relevant bezeichnet. Das ist in Vorständen und sonstigen Leitungsgremien eine der häufigsten Arten, wie man verhindern kann, dass konkret etwas unternommen wird, ohne sich selbst zu kompromittieren. Im Gegenteil, man gibt sich als jemand, dem dieses Projekt sehr am Herzen liegt und der es deshalb auch persönlich in die Hand nimmt. »Kommt Zeit, kommt Rat«, wie der Volksmund sagt. Speziell in einer Zeit, in der sich der Kontext schnell und radikal verändert, könnte man hinzufügen: »... und mit der Zeit verändern sich eventuell die Ausgangslage oder die Rahmenbedingungen.« Dann bliebe es einem erspart, sich mit der aktuellen Herausforderung konkret auseinandersetzen zu müssen. »Grundsätzlich« kann man schließlich über alles reden – das heißt nur reden, nicht handeln. Jeder, der auf eine Anfrage mit »Grundsätzlich Ja« oder »Im

Prinzip schon« antwortet, meint in Wirklichkeit konkret »Nein«! (Siehe dazu Kapitel 5, Abschnitt »Klare Sprache«.)

In vielen Leitungs- und Entscheidungsgremien ist dieses Muster geradezu perfektioniert worden. Wird ein Thema auf den Tisch gebracht, mit dem man sich absolut nicht oder derzeit nicht oder nicht auf die vorgeschlagene Weise auseinandersetzen will, und sieht man sich aus machtpolitischen Gründen nicht in der Lage, das Thema einfach wegzudrücken, kann es durchaus klug sein, daraus ein grundlegendes Projekt – gerne auch in Form einer Grundsatzkommission – zu machen, aber eben möglichst grundsätzlich. Dadurch hat man zweierlei erreicht: Man ist augenscheinlich nicht gegen, sondern konstruktiv für ein Thema und man gewinnt Zeit, eventuell sehr viel Zeit – auf jeden Fall genug, um zu verhindern, dass aktuell etwas Konkretes passiert. Solche Projekte nehmen in aller Regel einen typischen, für Eingeweihte stets vorhersehbaren Verlauf:

Phase 1: Kick-off-Veranstaltung mit bedeutungsschwangerem Gehabe.

Phase 2: In vielen langen, manchmal auch lähmenden Sitzungen der Projektgruppe oder Kommission werden grundsätzliche Fragen erörtert, die in ausführlichen Berichten als Nachweis des Engagements dokumentiert werden.

Phase 3: Für die Präsentation vor dem Auftraggeber werden aufwendige, möglichst differenzierte Folienunterlagen erstellt.

Phase 4: Es bedarf häufig mehrerer Anläufe, damit die Präsentation überhaupt stattfindet – selbstverständlich ohne konkretes Ergebnis, stattdessen mit der eher diffusen Rückmeldung, auf diesem doch ganz interessanten Weg weiterzuarbeiten.

Phase 5: Die Gruppe fängt langsam an, sich im Kreis zu drehen, immer häufiger fehlen einzelne Mitglieder oder Termine werden verschoben.

Phase 6: Die Gruppe siecht vor sich hin, ein konkreter Abschluss wird vom Auftraggeber eigentlich gar nicht erwartet, ab und zu von der Gruppe selbst in Eigenregie verfertigt, aber ohne beim Auftraggeber wirklich auf Interesse zu stoßen.

… und wenn sie nicht gestorben oder pensioniert sind, arbeiten sie heute noch.

Damit eine Gruppe nach diesem Muster »erfolgreich« arbeiten kann, sollten zwei Dinge beachtet werden: Erstens klare Zielsetzungen und sonstige Messgrößen vermeiden, zweitens die Gruppe auf der Basis von Freiwilligkeit oder nach dem Kriterium »Wer gerade Zeit hat« zusammenstellen. Oder – noch deutlicher – Menschen benennen, für die man schon länger eine interne Entsorgungsfunktion gesucht hat.

Insgesamt ist dies vor allem im Management ein sehr bekanntes und gängiges Muster, um den Anschein zu erwecken, man sei Herr der Lage und habe alles unter Beobachtung und im Griff.

Wir bevorzugen, was unsere Ansichten bestätigt – jeder lebt im Schutz seiner eigenen Welt: Von dem deutschen Philosophen Arthur Schopenhauer stammt der Satz: »Bei gleicher Umgebung lebt doch jeder in einer anderen Welt.« Jeder hat und benötigt eine Welt um sich, die ihm, seinem Leben und Handeln einen Sinn verleiht. Das ist das Ziel jeder Erziehung – in der Familie, im Kindergarten, in der Schule und in Bezugsgruppen aller Art. Wir erklären uns so die Welt und die Rolle, die wir darin spielen (wollen). Alles, was wir beobachten und erleben, ordnen wir in unsere persönliche Welt ein und geben ihm eine entsprechende (Be-)Deutung. Das eine finden wir gut, weil es zu unserem eigenen Wertesystem passt. Wir bevorzugen generell, was uns und unsere Ansichten bestätigt. Wir identifizieren uns damit, wir verschmelzen quasi damit, weil wir dadurch an Kontur gewinnen. Was nicht in unsere Welt passt, nehmen wir hingegen kaum zur Kenntnis oder lehnen es strikt ab. Es passt nicht in unser Selbstverständnis, wir verstehen es nicht beziehungsweise wollen oder dürfen es nicht verstehen, weil es unser eigenes Konzept infrage stellen und unsere anerzogenen Normen unterlaufen könnte. Und je nachdem, inwieweit wir »gelernt« haben, uns an Autoritäten zu orientieren, überlassen wir diesen auch die Deutungshoheit – zum Teil bis ins hohe Alter.

Zwei generelle Neigungen helfen uns, diesen selbst gewählten, schützenden Kerker beizubehalten:

1. *Prinzipielle Abwehr von Unbekanntem.* Menschen reagieren auf überraschende Entwicklungen in der Regel mit Distanz oder Abwehr. Das ist völlig normal. Es geht zunächst darum, das eigene Selbstbild nicht zu beschädigen. Alles, was nicht in unsere Welt und damit in das entsprechende Bewertungs- und Aufnahmesystem passt, was uns also fremd ist, ist für uns bedrohlich und macht uns Angst. Entweder nehmen wir es gar nicht zur Kenntnis, weil wir keine entsprechenden Sensoren dafür haben, oder wir verdrängen beziehungsweise bekämpfen es. Wir sind gefangen in unserer individuellen Welt, wobei das Spezielle darin besteht, dass uns die Gitter zwar einengen, aber gleichzeitig vor der vermeintlich bedrohlichen Freiheit schützen.
2. *Jede Wahrnehmung ist subjektiv, selektiv und von Bedürfnissen gesteuert.* Auch dies ist keine neue Erkenntnis. »Was dem Herzen widerstrebt, lässt der Kopf nicht ein«, sagte schon Arthur Schopenhauer. Und von Johann Wolfgang von Goethe stammt der Satz: »Man sieht nur, was man weiß.« Es gibt also keine objektive Wahrnehmung. Wir filtern das heraus, was wir kennen und was unseren Erfahrungen entspricht. Wer Menschen mit Informationen erreichen will, die sich auf ihre innere Haltung, ihr Bewertungssystem und ihr Verhalten ein- und auswirken sollen, muss die Welt der Adressaten und

ihre speziellen Empfangskanäle kennen. Andernfalls kann er zwar Glück haben, dass der Anschluss zufällig passt, oder aber er sendet ins Leere. Weil man nie sicher sein kann, diese Empfangskanäle und Empfangsbereitschaften ausreichend zu kennen, liegen zwei Empfehlungen nahe: sich vor der Kontaktaufnahme die Mühe zu machen, das System zu erkunden, verstehen zu wollen und sich danach die noch größere Mühe zu machen, exemplarisch zu testen, was tatsächlich angekommen ist (Feedback), um gegebenenfalls nochmals in den Dialog einzusteigen. Dies setzt allerdings ein grundlegendes Interesse voraus, den anderen mit und in seiner eigenen Welt erkunden, verstehen und akzeptieren zu wollen. Wer aber in seiner eigenen Welt nicht gestört werden will, wird genau dies vermeiden (müssen).

Wir verdrängen, verharmlosen oder dramatisieren: Weghören, wegsehen, so tun, als ob man nichts mitbekommen hätte. Sollte das nicht ausreichen, kann die Variante ins Spiel kommen, auf ein anderes spannendes, aber unverfängliches Thema abzulenken. Für den Fall, dass auch dies nicht ausreicht, wird ein neues Thema eröffnet, das den anderen nicht nur direkt betrifft, sondern sogar betroffen macht. Die typische beiläufige Einleitung dafür lautet: »Ach, übrigens ...« – eine Variante, die in das feste Repertoire eines Streits mit dem privaten Partner gehört, also im Grunde jedem von uns vertraut ist. Für den speziellen Fall, dass unser Gegenüber versucht, einen direkten Angriff zu landen, ist folgende Reaktion zu empfehlen: Postwendend zum Gegenangriff übergehen!

Wenn es nicht gelingt, das Thema gar nicht erst aufkommen zu lassen, liegt das zweite Reaktionsmuster auf der Hand: beruhigen, herunterspielen, verharmlosen – und zur Tagesordnung übergehen. Typische Äußerungen sind hier: »Das ist doch nicht so schlimm«, »Das darf man nicht so ernst nehmen«, »Das war doch nicht so gemeint«, »Das gibt sich schon wieder«, »Nur keine Panik«, »Das wird bei uns so nicht kommen«, »Nichts wird so heiß gegessen, wie es gekocht wird«, »Erst einmal abwarten, dann wird man schon sehen« … So haben sich viele in der Zeit des aufkeimenden Dritten Reichs und der eindeutigen Anzeichen von Judenhetze verhalten und genauso hat man in den Medien und in der Politik auf Experten reagiert, die bereits vor vielen Jahren die Entwicklungen der Alterspyramide und die Konsequenzen für das Rentensystem oder auch die Möglichkeiten, dass fremde Menschen in das gut gestellte Europa flüchten werden, sehr deutlich und präzise öffentlich artikuliert haben.

Verharmlosen oder Beschönigen soll Menschen dazu bringen, etwas mitzugestalten, indem man ihnen zunächst die für sie negativen Folgen vorenthält, nach dem Prinzip »Wahrheit auf Raten«. Mit der vollen Wahrheit rückt man erst heraus, wenn sie nicht mehr zu verheimlichen ist. Nicht selten wird in Unternehmen ein Projekt aufgelegt mit der Zielsetzung, die Geschäftsprozesse zu überprüfen. Die Mitarbeiter werden aufgefordert, ihre Abläufe, an denen sie direkt beteiligt sind, im Hinblick auf unnötige Schleifen, Schnittstellen, Überschneidungen zu überprüfen, um das Ganze zu vereinfachen und zu beschleunigen. Auf Nachfrage der Mitarbeiter wird hoch und heilig versichert, es gehe auf keinen Fall darum, Mitarbeiter abzubauen. Spontan kann man darauf nur dem Volksmund folgen: »Wer's glaubt, wird selig.« Oder wie Bertolt Brecht es formulierte: »Nur die dümmsten Kälber wählen ihre Schlächter selber.« Der Preis für dieses verharmlosende Vorgehen: Verlust an Glaubwürdigkeit und zukünftiges Misstrauen.

Die Verharmlosung lässt sich noch verstärken, indem man das Thema ins Lächerliche zieht: ein kleiner Witz an der richtigen Stelle, dem Antreiber locker-freundlich eine ganz persönliche Motivation unterstellen oder auf eventuelle frühere Versuche desjenigen anspielen, etwas in die Wege zu leiten, das letztlich im Sande verlaufen ist. Das Ziel: Den Akteur von oben herab behandeln, ihn desavouieren, lächerlich machen, dadurch verunsichern beziehungsweise aus der Fassung bringen, in der Hoffnung, dass er tatsächlich seine Souveränität einbüßt und sich durch eine entweder unterwürfige oder überzogene Gegenreaktion nun tatsächlich lächerlich macht – und somit den Einwurf nachträglich legitimiert.

Wer sich nicht als egoistischer Gegner bloßstellen will, kann auch versuchen, sich hinter einem möglichst hehren Zweck zu verstecken: »Das können wir doch XY nicht zumuten!« Man wähle dazu eine Person oder eine Gruppe von Menschen, die unter der angestrebten Veränderung vermutlich stark zu leiden haben werden. Die Dankbarkeit dieser Gruppe ist ein möglicher Nebeneffekt, aber im Wesentlichen geht es darum, ein edles Schutzschild zu haben, hinter dem man die eigenen – weniger edlen – Profilierungskämpfe verstecken kann.

Eine spezielle Form der dialektischen Kriegsführung, um eine anstehende Entscheidung zu blockieren, besteht darin, den Fall extrem zuzuspitzen, bei Bedarf sogar ein regelrechtes Horror- und Bedrohungsszenario zu entwerfen. Dramatisieren verfolgt den Zweck, das Anliegen zu einer derartigen Bedeutung aufzublasen, dass vermeintlich die Existenz der Firma davon abhängt und sich deshalb jeder mit höchstem Einsatz für die Veränderung engagieren muss. Diese Manager schüren Angst, machen Druck, arbeiten mit der Peitsche, um die nötige Energie zu wecken. Es herrscht eine Rhetorik wie bei einem Tsunami oder einer anderen (Natur-)Katastrophe. Im Verhältnis zur Übertreibung gerät der aktuelle Zustand völlig aus dem Blick. Aus einer potenziellen Betroffenheit wird eine Wahrscheinlichkeit und aus der Wahrscheinlichkeit eine hohe oder sehr hohe Wahrscheinlichkeit. Im Fokus der Diskussion steht nun ein völlig aufgebauschtes Thema, das mit der ursprünglichen Situation fast nichts mehr zu tun hat – das aber nun mit emotional geladener Stimmung zur Entscheidung ansteht. Die erhoffte Wirkung dieser Ansprache: Angst setzt Menschen in Bewegung. Sie wollen ihre eigene Haut retten. Die Kehrseite: Die Menschen gewöhnen sich an diese Weltuntergangsstimmung und stumpfen mit der Zeit ab. In den meisten Fällen durchschauen die Betroffenen ohnehin das Spiel aufgrund ihrer früheren Erfahrungen. Wenn sich letztlich herausstellt – was in den meisten Fällen geschieht –, dass die angekündigte Katastrophe doch nicht eingetreten ist, ist die Glaubwürdigkeit im Hinblick auf zukünftige mögliche Notlagen massiv beeinträchtigt.

Hierarchische Strukturen und ihr versteckter Nutzen

Einen vergleichbaren Nutzen bietet auch die Hierarchie. Wenn Mitarbeiter nicht mehr weiterwissen oder nicht mehr weiter wollen, gibt ihnen diese Struktur die Chance, die Verantwortung auf eine höhere Rangstufe zu verlagern, also zurückzudelegieren. Und in überraschend vielen Fällen fühlen sich dann beide Seiten wohl: Der Vorgesetzte fühlt sich als gefragter Ratgeber wertgeschätzt, der Mitarbeiter hat sich seiner Verantwortung weitgehend entledigt oder sich durch die Rücksprache zumindest teilweise entlastet.

Eine hierarchische Ordnung schafft klare Verhältnisse. Führung und Strukturen werden top-down geregelt und gesteuert. Die menschlichen Grundbedürfnisse nach Klarheit, Ordnung und Sicherheit sind dadurch voll befriedigt. Und nicht zu vergessen: Die wörtliche Übersetzung des griechischen Stammworts heißt »heilige Ordnung« oder »Herrschaft der Heiligen«. Ehrfurcht ist also angesagt. Das Hierarchieprinzip hat sich in unserem Fühlen und Denken fest eingenistet und steht dort im Notfall als Alternative immer zur Verfügung! Das Ganze wird nochmals verstärkt und gleichzeitig verschleiert durch den Anspruch von oben auf Loyalität, worunter »nur« gefordert wird: Abtreten von Selbstverantwortung, Bereitschaft zur Entmündigung und nicht selten innere Resignation. Der individuelle Widerstand muss dann gar nicht erst aktiviert werden, weil er in diesem hierarchischen Rahmen ohnehin kaum Chancen hätte.

Grundsätze für Führung und Zusammenarbeit – geplante Folgenlosigkeit?

Ähnlich wie beim Leitbild werden in Unternehmen nicht selten Grundsätze und Spielregeln für Führung und Zusammenarbeit formuliert. Auch hier ist zu beobachten: hehre Anforderungen mit eingebauten subtilen Relativierungen, sodass daraus keine konkreten Handlungen abgeleitet werden und deshalb auch keine konkreten Sanktionen veranlasst werden können. Ich bezeichne ein derartiges Vorgehen als geplante Folgenlosigkeit. Folgenlos, weil nicht nachgehalten wird; geplant, weil alles bewusst so austauschbar allgemein formuliert wird, dass gar nicht nachgehalten werden kann – und wohl auch nicht soll. Wer ernsthaft etwas verändern wollte, würde die wesentlichen Baustellen direkt angehen.

Bewusste Umdeutung von Kommunikation in Information zur Sicherung der Geländehoheit

Für erfolgreiches Change Management spielt Kommunikation eine maßgebliche Rolle. Es gilt: Je häufiger und radikaler die Veränderung, umso wichtiger ist die Kommunikation. Wenn wir von Kommunikation sprechen, dann meinen wir zwar auch das zwischenmenschliche Geschehen, das dabei zu beachten und nach allen Regeln der Kunst zu gestalten ist. Der Wandel betrifft aber häufig ganze Unternehmen oder wesentliche Teile davon. In diesem Fall reicht diese Betrachtungsweise nicht aus. Denn nun geht es darum, viele Beteiligte in der richtigen Art und Weise zu erreichen und Wege zu finden, sie in Prozesse der Meinungsbildung und Entscheidungsfindung einzubeziehen, dabei aber insgesamt einen Dialog zu ermöglichen und ein hohes Maß an Erlebnis- und Begegnungsqualität zu gewährleisten.

Kommunikation ist – egal in welcher Form sie gestaltet wird – von ihrem Wesen her nicht ohne Feedback möglich. Und bei Feedback muss man stets auf Überraschungen gefasst sein. Darauf kann man sich natürlich nicht vorbereiten, Offenheit und Spontanität sind hingegen angesagt. Doch viele Manager glauben, dass von ihnen erwartet wird, auf alles spontan richtig reagieren zu können. Verbunden mit dem Gefühl, jederzeit alles im Griff haben zu müssen, ist dies ein Ding der Unmöglichkeit! Die Konsequenz: Man verbreitet doch lieber Informationen, die man gut vorbereiten (lassen) kann.

Nach meiner Erfahrung wissen Manager durchaus, dass nur echte Kommunikation den Erwartungen der Betroffenen gerecht wird. Dass sie trotzdem bei der Information bleiben, hat seinen Grund in der Befürchtung, ansonsten dem eigenen Anspruch nicht gerecht zu werden.

Sehnsucht nach einer geschlossenen Welt

Der österreichisch-britische Philosoph Karl R. Popper hat 1945 sein wohl wichtigstes und nach wie vor sehr lesenswertes Buch *Die offene Gesellschaft und ihre Feinde* veröffentlicht.[7] Darin beschreibt er, wie stark sich viele Menschen danach sehnen, einer in sich geschlossenen Gruppe anzugehören, in der eindeutige Regeln gelten, in der man sich daheim und sicher fühlt und sich nicht mit Unwägbarkeiten auseinandersetzen muss. Eben Klarheit, Ordnung, Sicherheit, Zugehörigkeit und Handlungsfähigkeit. Je härter und unsicherer die Zeiten sind, umso stärker ist bei vielen die Sehnsucht, sich in geschlossene Systeme zu flüchten. Unsichere Zeiten sind auch die Stunde für Propheten, die das einzig wahre Heil verkünden, sich als sieghafter Führer im Kampf gegen alle anderen »feindlichen« Umwelten anpreisen und um Anhänger werben, die sich ihnen bedingungslos unterwerfen.

Eine geschlossene Welt schützt vor offenen, vielgestaltigen Systemen, die sich je nach Situation, Anforderungen und Möglichkeiten weiterentwickeln. Sie schützt vor einer bedrohlichen Welt, in der unterschiedliche Werte gleichzeitig gelten. In der sich Werte verändern, entwertet werden und neu entstehen können. Einer Welt, in der man sich gegenseitig in dieser Viel-

---

Menschliche Grundbedürfnisse

- Klarheit
- Ordnung
- Sicherheit
- Zugehörigkeit
- Handlungsfähigkeit

Die beharrenden Kräfte des Status quo

- Die Interessen, die den Status quo aufrechterhalten
- Die Grundbedürfnisse lassen uns rückwärts schauen
- Widerstand – Schutz und siamesischer Zwilling von Veränderung
  - Im System verankertes Widerstandpotenzial
  - Tradierte Ordnungen – Edle Schlupflöcher mit eingebautem Widerstandspotenzial
- Veränderungsfeindliche Grundmuster:
  - Wir planen linear – da kennen wir uns aus
  - Suche nach dem Schuldigen – damit sind wir aus dem Schneider
  - Wir schinden Zeit – denn kommt Zeit, kommt Rat
  - Wir bevorzugen, was unsere Ansichten bestätigt – Jeder lebt im Schutz seiner eigenen Welt
    → prinzipielle Abwehr von Unbekanntem
    → Jede Wahrnehmung ist subjektiv, selektiv und von Bedürfnissen gesteuert
  - Verdrängen, verharmlosen oder dramatisieren
- Hierarchische Strukturen und ihr versteckter Nutzen
- Grundsätze für Führung und Zusammenarbeit – Geplante Folgenlosigkeit?
- Unternehmenskultur als edler Deckmantel
- Bewusste Umdeutung von Kommunikation in Information zur Sicherung der Geländehoheit
- Sehnsucht nach einer geschlossenen Welt

Abbildung 6: Warum das alles nicht so einfach ist

falt akzeptiert, in der man verhandelt und miteinander taugliche Modelle des Zusammenlebens erprobt. Entscheidend für eine Welt, wie sie unter anderem der indische Managementberater C. K. Prahalad bereits in den 1980er-Jahren in seinem Artikel »Managing Discontinuities: The Emerging Challenges«[8] skizziert hat.

Fazit: Jedes Vorgehen, das darauf baut, Menschen seien prinzipiell offen, auf Überraschungen gefasst und freudig bereit, neue Erkenntnisse zu gewinnen, ist wirklichkeitsfremd und deshalb unprofessionell. Die Menschen müssen zunächst genau dort, in dieser zunächst abwehrenden und sich absichernden eigenen Welt, abgeholt und ernst genommen werden. Kurt Lewin, einer der einflussreichsten Pioniere der Psychologie und einer der Begründer der modernen experimentellen Sozialpsychologie, hat dies als »Lebensraum« bezeichnet. Wenn Sie diese individuellen Lebensräume nicht ernst nehmen und erkunden, können Sie nicht verstehen, warum die von Veränderungen Betroffenen sich so verhalten, wie sie es tun – und Sie werden in der Folge ihr Verhalten auch nicht verändern können, weil Sie nicht wissen, wo Sie ansetzen müssen.

Kapitel 5

WIE CHANGE TROTZ ALLEM GELINGEN KANN: STELLHEBEL UND KERNPUNKTE

> »Wenn du sagst, du kannst nicht,
> dann willst du nicht.«
>
> Kontra K, deutscher Rapper

Vorüberlegungen, Vorerkundungen und Klärungen – Risiko Kaltstart!

Der Druck kann vom Markt und vonseiten der Kunden kommen. Oder ein neuer Manager will sich beweisen. Manchmal drängen Eigentümer, Aktionäre, Investoren oder Verbandsmitglieder. Manchmal drängen auch die Mitarbeiter oder ihre Interessenvertreter aus Angst, sonst Arbeitsplätze zu verlieren. Manchmal sieht man die Konkurrenz davonziehen. Manchmal gibt es völlig neue Spieler auf dem Markt. Manchmal ermöglichen neue Technologien völlig neue Wege.

Die Anlässe können sehr unterschiedlich sein, aber die Botschaft ist klar: Es muss etwas geschehen – und immer drängt die Zeit. Change ist angesagt, Projekte müssen gestartet werden! Doch genau hier werden oftmals grundlegende Fehler gemacht, die sich erst im späteren Verlauf des Change-Projekts auswirken und dann kaum repariert werden können, die das Veränderungsvorhaben massiv belasten oder gar zum Scheitern bringen.

Change ist so etwas wie eine Reise in ein unbekanntes Land. Welche Vorbereitungen dazu notwendig sind, hängt von den Rahmenbedingungen ab. Dass ein Vorhaben nicht das erhoffte Ziel erreicht, mittendrin versandet oder abgebrochen wird, kann unterschiedliche Gründe haben: Es gibt zum Beispiel wichtigere Themen oder neue Entwicklungen und Erkenntnisse. Das ist der natürliche Lauf der Dinge. In nicht wenigen Fällen hätte man allerdings bei genauerem Hinschauen schon vorab darauf wetten können, dass das Vorhaben scheitern wird. Schlampige Planung auf der Basis von diffusen Erwartungen ist das eine. Folgenschwerer aber sind Hypotheken aus der Vergangenheit: Frühere Ansätze von Change sind gescheitert, aber nicht ordentlich entsorgt worden. Sie verrotten wie kaputte Autos oder Tierkadaver sichtbar am Straßenrand. Das hat Nachwirkungen. Die »Entsorgung« würde darin bestehen, offen und ehrlich zu kommunizieren, warum ein früheres Change-Projekt nicht durchgezogen werden konnte. Stattdessen werden Abbrüche oder Misserfolge gerne mit Scheinargumenten verschleiert.

Beide Fälle, sowohl ein dilettantischer Einstieg als auch die Verschleierung beziehungsweise Beschönigung eines Misserfolgs, belasten jedes zukünftige Veränderungsprojekt mit einer Hypothek. Wem kann man noch glauben und warum soll man sich engagieren, wenn einem das Schicksal der früheren Projekte so deutlich vor Augen geführt wird? Auftraggeber, Change Manager und Berater müssen sich daher vorab über einige Punkte klar werden, wenn sie nicht von vornherein einen Fehlstart oder spätere Folgeschäden verantworten wollen.

Klärungen aufseiten des Auftraggebers

Ich erlebe immer wieder, dass Auftraggeber eines Change-Projektes, vor allem wenn sie hierarchisch sehr weit oben angesiedelt sind, Aufträge vergeben, ohne sich vorher selbst klarzumachen, was genau sie mit diesem Projekt erreichen und vor allem welche Rolle sie dabei einnehmen wollen. Die hierarchische Abhängigkeit der Projektverantwortlichen führt dann dazu, dass die ausgewählten Projektmanager und auch Berater sich nicht trauen, gezielt nachzufragen oder sogar bestimmte Aussagen infrage zu stellen. Je diffuser die Ausgangssituation, umso höher der Aufwand im Projekt, alle möglichen Aspekte, die für den Auftraggeber relevant sein könnten, anzudenken, die dann erst im späteren Verlauf – manchmal auch zu spät – geklärt werden. Um diesen Ablauf zu vermeiden, kann ich nur jedem Auftraggeber raten, sich vor der Auftragsvergabe über folgende Aspekte klar zu werden:

- Welches Ziel verfolgen Sie mit dem Change-Projekt und was soll dadurch bewirkt werden?
- Woran werden Zielerreichung und Wirkung gemessen?
- Gibt es ein differenziertes Zielbild (siehe Strategiehaus) oder immerhin einige substanzielle Ansätze?
- Sind Sie entschlossen genug und haben Sie ausreichend Antriebsenergie, um das Projekt nicht nur zu starten, sondern es auch bei Turbulenzen während der Umsetzung in Gang zu halten? Wodurch kommt dies zum Ausdruck?
- In welchem Rahmen (unter anderem zeitlich, finanziell) soll sich das Projekt bewegen und welche Bedingungen sind einzuhalten?
- Welche Rolle will ich als Auftraggeber bei diesem Vorhaben einnehmen und welche Konsequenzen ergeben sich daraus für die Zusammenarbeit mit dem beauftragten Change Manager und gegebenenfalls den Beratern sowie für deren Rolle im Projekt?
- In welcher Form wollen Sie darüber hinaus zum Gelingen des Change-Projekts beitragen?

Eine sorgfältige Selbstreflexion anhand dieser Fragestellungen bildet die notwendige Basis für das Gespräch mit dem Change Manager und gegebenenfalls den Beratern. Unklarheiten, Lücken und Unstimmigkeiten im Rahmen dieser Fragen sind fahrlässig und im Nachhinein kaum auszugleichen.

Im Allgemeinen wird häufig unterschätzt, dass Auftraggeber in einem Change-Prozess aus der Perspektive der Betroffenen immer eine Rolle spielen, unabhängig davon, für welche Rolle sie sich selbst entschieden haben. Change-Projekte scheitern manchmal nicht zuletzt daran oder verfehlen die angestrebten Ziele, weil Auftraggeber in ihrem Verhalten und ihrer generellen Haltung den Erwartungen der Betroffenen nicht gerecht werden oder sogar als konträr zur Zielsetzung des Projekts erlebt werden.

Klärungen aufseiten des Change Managers

Ein kompetenter Change Manager ist mehr als ein landläufiger Projektmanager. Change bedeutet, über die operative Projektsteuerung hinaus Menschen in Bewegung zu bringen – in den meisten Fällen in eine Welt, die ihnen nicht vertraut ist und deshalb bei den Betroffenen Vorsicht oder Argwohn auslöst. Umso wichtiger sind Vertrauen und Glaubwürdigkeit. Wer diesen Erwartungen gerecht werden will, darf nur einen Auftrag annehmen, den er sorgfältig geprüft hat, und zwar in mehrfacher Hinsicht:

- Treten Sie mit dem Auftraggeber im Hinblick auf die oben skizzierten Fragestellungen in einen Dialog. Das Ziel: Verständnis. Versuchen Sie, dabei auch verdeckte Aspekte zu identifizieren.[9]
- Prüfen Sie Ihre persönliche Entschlossenheit und Ihr Energiereservoir. Im Laufe eines Change-Projekts kann sich vieles ändern, bedingt durch neue

Erkenntnisse und neue Entwicklungen im Umfeld. Doch wenn Ihre eigene Energie schwindet, werden Sie selbst Teil des Problems, zu dessen Lösung Sie ursprünglich angetreten sind. Diese Hypothek ginge dann auf Ihr Konto! Deshalb ist es unverzichtbar für Sie als Change Manager, zu prüfen, ob Sie die notwendige Entschlossenheit mitbringen, das Vorhaben trotz womöglich aufkommender Widerstände und unliebsamer Überraschungen durchzuziehen. Vielleicht hilft ein alter Leitsatz aus der Antike dabei: »Was immer du tust, handle klug und beachte das Ende.« In turbulenten Zeiten kann zwar niemand wissen, wie eine Sache letztlich ausgehen wird. Doch klug handeln können Sie trotzdem, indem Sie zumindest die Ausgangsbedingungen überprüfen, um zu entscheiden, ob es sich überhaupt lohnt, anzufangen, und wie dieser Anfang gestaltet werden kann. Es geht um das entschiedene Wollen!

- Definieren Sie die Rolle, die Sie bei diesem Change, Vorhaben einnehmen wollen: Als inhaltlicher Treiber (analog zum Kapitän einer Fußballmannschaft)? Wenn ja, inwieweit fachlich, inwieweit psychologisch? Oder als Berater/Begleiter des Prozesses? Oder selbst als Auftraggeber, der sich jedoch gezielt aus allen operativen Prozessen heraushalten möchte? Wofür werden Sie persönlich die Verantwortung übernehmen: für die abschließende Wirkung, für das Vorgehen, für die Auswahl der Beteiligten? An welchen Kriterien lassen Sie sich messen?

- Suchen Sie sich eine kleine Gruppe von »unabhängigen« Verbündeten als Sparringspartner, die Ihnen in drei Situationen zur Seite stehen können. Schon in der Bibel, Prediger Salomo, Kap. 4, steht: »Wehe dem, der allein ist; wenn er fällt, so ist kein anderer da, der ihm aufhelfe … Einer mag überwältigt werden, aber zwei mögen widerstehen; und eine dreifältige Schnur reißt nicht leicht entzwei.«
- Manchmal benötigt man fachliche Unterstützung oder einen Blick aus einer anderen Perspektive von jemandem, der keine eigenen Interessen damit verfolgt.
- Manchmal braucht man Trost oder Ermutigung, denn es gibt immer wieder Enttäuschungen: Das Change-Projekt ist schwieriger oder läuft zäher als erwartet; diejenigen, auf die man gebaut hat, ziehen sich elegant aus der Affäre et cetera.
- Und manchmal braucht man einen geschützten Raum zum Ablästern und Dampfablassen.
- Sondieren Sie das Kräftefeld der Interessen. Überdenken Sie, eventuell mithilfe Ihrer Sparringspartner, welche Interessen das Veränderungsvorhaben berührt und wie die betroffenen Personen oder Bereiche darauf reagieren könnten:
  - Wer wird unterstützen, wie stark und warum?
  - Wer wird blockieren, wie stark und warum?
  - Wer könnte unter welchen Bedingungen für das Vorgehen gewonnen werden?
  - Welche Konstellationen und Koalitionen könnten sich entwickeln – antreibend oder hem-

mend – und wie könnte sich das auf das Change-Projekt auswirken?

So manches wird sich erst zeigen, wenn das Vorhaben ins Laufen kommt. Doch Sie können vorher auf jeden Fall einige Hypothesen bilden, wie das Kräftefeld der Interessen aussieht und wie es sich auf das geplante Vorgehen auswirken könnte – und sich darauf einstellen.

Damit klären Sie auch die Machtfrage. Denn »ohne Macht kann man nichts machen«, wie es so schön heißt. Wer Interessen hat, hat noch lange nicht die Macht, sie auch durchzusetzen. Es gibt sehr unterschiedliche Arten von Macht, zum Beispiel hierarchische Positionsmacht, Expertenmacht, Funktionsmacht (Betriebsrat oder unverzichtbare Steuerungsbereiche wie IT, Finanzen et cetera) sowie formelle oder informelle Allianzen von Gleichgesinnten. Die Gretchenfrage lautet: Wie viel und welche Art von Macht beziehungsweise Einfluss sind nötig, um das Change-Vorhaben voranzutreiben oder auszubremsen? Hier reicht es nicht, Hypothesen zu bilden oder Vermutungen anzustellen. Es führt kein Weg daran vorbei, Mikropolitik zu betreiben, das bedeutet, konkrete Erkundungen einzuziehen und zu testen, wer sich für das Vorhaben tatsächlich aus dem Fenster lehnen wird, wie stark die treibenden Kräfte und die Gegenkräfte sein werden.

Vor allem geht es auch darum, die Machtfrage in Bezug auf sich selbst zu klären. Wie viel Macht haben Sie und wie viel wird Ihnen gegebenenfalls zugeschrieben? (Näheres zum Thema Macht finden Sie in Kapitel 6.)

- Die Beantwortung der bisherigen Fragen liefert die notwendigen Informationen für die Entscheidung, ob es sich lohnt, das Change-Vorhaben jetzt zu starten oder ob es klüger wäre, es auf einen späteren Zeitpunkt zu verschieben oder gänzlich zu streichen. Gegebenenfalls ist nun ein neuer Dialog mit dem Auftraggeber fällig. Manchmal müssen die Rahmenbedingungen verändert werden oder es ist eine andere Rolle des Auftraggebers notwendig et cetera. Bei Change-Projekten geht es nicht nur darum, Mut zu haben, sondern auch klug zu sein, also vorab zu bedenken, wie die Chancen stehen, das geplante Ziel und die erhoffte Wirkung zu erreichen.
- Wenn Sie die Erkenntnisse aus den Vorerkundungen nicht abschrecken, sondern zuversichtlich stimmen, gibt es zwei Möglichkeiten, das Change-Projekt zu starten:
  - Liegt das Vorhaben im Rahmen Ihres persönlichen Verantwortungsbereichs, können Sie sich selbst beauftragen nach dem Motto: »Gehe nie zu deinem Fürst, wenn du nicht gerufen wirst.« Sofern die nötigen Spielräume vorhanden sind, ist es manchmal klüger, vorher nicht um Erlaubnis zu fragen, sondern diese einfach zu nutzen – und gegebenenfalls später um Verzeihung zu bitten.

- Falls massive Interessen anderer im Spiel sind und Ihre Macht nicht ausreicht, ist es hingegen besser, sich einen offiziellen Auftrag zu holen. Achten Sie aber darauf, dass der zuständige Auftraggeber ausreichend Macht und Engagement hat, um Sie auch dann zu unterstützen, wenn das Projekt in stürmische Gewässer kommt.

Die Entscheidung zwischen den beiden Varianten hängt von den Erkenntnissen und Eindrücken ab, die sich im Rahmen Ihrer Vorerkundungen ergeben haben.

Klärungen aufseiten des Beraters

Ähnlich wie beim Change Manager im Verhältnis zum landläufigen Projektmanager unterscheidet sich die Rolle eines üblichen Fachberaters von der Rolle eines Change-Beraters. (Siehe dazu Kapitel 8, Abschnitt »Externe Berater: Auswahl und Steuerung«.) Wenn es darum geht, Veränderungen nicht nur anzudenken, sondern umzusetzen, braucht es einen ganzheitlichen Ansatz, bei dem alle für die Zielerreichung relevanten Einflussgrößen identifiziert und von vornherein eingeplant werden.

- Prüfen Sie, ob ein ganzheitlicher Ansatz überhaupt erwünscht ist und inwieweit die Voraussetzungen dafür gegeben sind. Wer nicht nur ausführendes Organ sein, sondern eine eigenständige Beratungs-

leistung erbringen will, muss zunächst verstehen, worum es geht. Sie dürfen sich Ihr Handeln nicht vorschreiben lassen, ohne die Hintergründe und Zusammenhänge zu kennen. Sie müssen zunächst die Vorstellungen der Auftraggeber in Erfahrung bringen und verstehen und sich darüber klar werden, welche Erwartungen an Sie daraus abgeleitet werden.
- Finden Sie heraus, ob die Erwartungen des Kunden zu Ihrem grundlegenden Beratungsansatz passen und inwieweit Ihre Kompetenz und Erfahrung ausreichen, um seinen Erwartungen gerecht zu werden.

Auftraggeber
- Ziel, Wirkung, Messgrößen?
- Ausreichende Entschlossenheit und Energie?
- Rahmen und Bedingungen?
- Eigene Rolle im Projekt/Prozess?

Beauftragter Change Manager
- Den Auftrag prüfen im Dialog mit dem Auftraggeber
- Persönliche Energie und Entschlossenheit abwägen
- Eigene Rolle und Verantwortung klären
- Kräftefeld der Interessen sondieren
- Verbündete finden
- Machtfrage klären
- Entscheiden, ob überhaupt starten, und wenn ja, wie

Berater
- Den Auftrag prüfen im Dialog mit den Auftraggebern
- Eigene Kompetenz prüfen
- Rolle und Verantwortung klären

Abbildung 7: Vorüberlegungen auf einen Blick

- Klären Sie Ihre Rolle und Verantwortung als Berater. Es geht vor allem darum, dass die Verantwortung für die Umsetzung im Unternehmen angesiedelt bleibt. Denn einer der Gründe, warum Veränderungsprozesse nicht nachhaltig sind, liegt darin, dass sich Berater instrumentalisieren lassen, Verantwortung für die Umsetzung zu übernehmen, ohne dass ein transparenter Rollenwechsel stattfindet. Die Folge: Sobald die Berater aus dem Haus sind, verlieren die neuen Spielregeln zunehmend ihre Geltung.

Ganzheitliche Projektarchitektur

Sind die Voraussetzungen für das Change-Vorhaben und die Rollen zwischen Auftraggeber, Change Manager und Berater zufriedenstellend geklärt, besteht der nächste Schritt darin, eine adäquate Organisation und Steuerung des Veränderungsprojekts sicherzustellen.

Diese Projektorganisation muss zunächst einen guten Start gewährleisten. Alle relevanten Aspekte müssen ausreichend beleuchtet und in einer vorausschauenden Planung berücksichtigt werden. Denn ein gelungener Start ist wichtig. Aber ebenso entscheidend ist, wie das weitere Rennen verlaufen wird. Deshalb gilt es, bereits von vornherein zu bedenken und zu klären, was im weiteren Verlauf zu beachten und zu leisten sein wird, um das Ziel in der erwarteten Form und in der vorgegebenen Zeit zu erreichen.

Die Pflicht

Auch bei Change-Projekten gelten die allgemein bewährten Regeln und Methoden für professionelle Projektarbeit:

- Aufgabe der Projektleitung erläutern
- Ziele des Projekts definieren und mit den Beteiligten abstimmen
- Teilaufgaben im Projekt identifizieren und den Mitarbeitern zuordnen (in Form und Ausmaß)
- Zeitrahmen abstecken
- Entscheider beziehungsweise Entscheidungsgremium für das Projekt festlegen
- Gegebenenfalls Lenkungsausschuss etablieren
- Information und Kommunikation regeln (Wer, was, wann, in welcher Form, an wen?)
- Im Zeitrahmen Zeit für Zwischenbilanzen, Teamentwicklung und Teampflege des Projektteams berücksichtigen
- Roadmap des Projekts erstellen, das heißt alle Teilaufgaben und Prozessschritte in eine Übersicht übertragen mit Zeitleiste und jeweils zu erreichendem Stand.

Die Kür

Die in der Roadmap dargestellte, insgesamt eher sachliche Orientierung ist zwar wichtig, reicht für ein Change-Projekt jedoch nicht aus. Hierfür sind einige weitere Aspekte von essenzieller Bedeutung.

Ganzheitlichkeit/Mehrdimensionalität der Projektkonzeption

In den meisten Fällen werden bei Veränderungen parallel unterschiedliche Dimensionen tangiert:

- Externe Kontexte und Rahmenbedingungen
- Technologische Entwicklungen
- Kundenbedürfnisse
- Markt und Wettbewerb
- Produktportfolio
- Vertrieb
- Marketing
- Produktion
- Interne Geschäftsprozesse
- Strukturen
- Qualifikation und Verhalten der Mitarbeiter
- Art der Führung
- Genereller Umgang intern und nach außen (Unternehmenskultur)

Das Problem dabei: Jeder schaut nur aus seiner Brille auf die Welt. Jeder tut das, was er kann, und schaut nur dorthin, wo er sich auskennt. Jeder beurteilt nach seiner Funktionslogik und im Rahmen seiner persönlichen Erfahrungen aus der Vergangenheit. Und so sind gleichzeitig unterschiedliche Logiken, das heißt unterschiedliche Selbstverständlichkeiten im Spiel.

Diese mentalen Mauern zu durchbrechen ist die erste große Herausforderung bei einem Change-Projekt. Dazu braucht es grundsätzlich die Bereitschaft für ergebnisoffene Diskussionen und eine unerbittliche gemeinsame Neugierde, sich in unbekanntes Gelände zu begeben und den eigenen Horizont zu überschreiten. Alles kein Problem, wenn das ein rein rationales Geschehen wäre. Ist es aber nicht! Es geht sehr stark um Emotionen, um Ängste (Schaffe ich das?), Rivalitäten (Wer ist hier der Bessere?), Widerstände (Aber doch nicht mit dem!), Macht und Einfluss (Ich lasse mir doch nicht reinreden!). Diese Auseinandersetzungen können viel Zeit in Anspruch nehmen, doch sie sind unbedingt notwendig, um eine mehrdimensionale Sicht auf das Thema zu gewinnen. Auf der Basis dieser übergreifenden Sicht erkennen Sie, welche Aspekte von besonderer Bedeutung sind, welche eher vernachlässigt werden können, welche mit anderen vernetzt sind, und können schließlich entscheiden, in welcher Reihenfolge konkret vorgegangen wird.

Wer diesen Klärungsprozess vermeidet, weil er damit verbundene Konflikte nicht hochkommen lassen will, wird auf längere Sicht dafür einen hohen Preis bezahlen. Spätestens wenn es um konkrete Umsetzungsschritte geht, werden sich einige der Beteiligten als Gewinner, andere als Verlierer sehen. Dann werden die Konflikte hochkochen und den Veränderungsprozess in der wichtigen Phase, in der man sich schon fast am Ziel glaubt, drastisch behindern.

Es ist die Aufgabe des Change Managers, diese offene und sorgfältige Auseinandersetzung mit unterschiedlichen Sichtweisen, Interessen und Emotionen herbeizuführen. Wer sich als Beteiligter in seiner Selbstverantwortung ernst nimmt, wird diese wesentliche Klärung unterstützen oder bei einem in dieser Hinsicht schwachen Projektleiter selbst initiieren.

Zur operativen Steuerung eines Change-Projekts können Sie aus dem Abschnitt »Projektbeschreibung« in Kapitel 9 unter anderem die Werkzeuge »Projektskizze zum Einstieg« und »Regelmäßige mehrdimensionale Statusberichte« nutzen.

Betroffene beteiligen

Bei Veränderungen sind immer unterschiedliche Interessen im Spiel. Die einen veranlassen die Veränderungen, die anderen sind davon betroffen. Man könnte die einen als Täter betrachten, die anderen als Opfer. Es kann aus Sicht der Täter noch so überzeugende rationale Gründe geben, weshalb Veränderungen notwendig sind, wenn die andere Seite sich lediglich als Opfer erlebt, an dem die Veränderung vollzogen wird, und auch so behandelt wird, wird die Veränderung häufig mit einem Kollateralschaden verbunden und insgesamt schwierig zu bewältigen sein. Um diese Täter-Opfer-Konstellation zu vermeiden, ist es notwendig, das Change-Projekt nicht (nur) an den Sachaspekten auszurichten, sondern daran, was den Betroffenen zugemutet wird und von ihnen verkraftet werden muss – und was zu tun ist, damit sie den Sinn darin erkennen und sich darauf einstellen können.

Diese Betrachtungsweise verlangt, sich mit den emotionalen Befindlichkeiten der Betroffenen zu befassen. Dafür reicht Information nicht aus. Benötigt wird stattdessen ausreichend Raum für echte Kommunikation in Form von offenen Diskussionen mit ehrlichem Feedback. Das ist zwar nicht jedermanns Sache, aber es ist unabdingbar für das Gelingen von Change-Projekten. Dabei können unterschiedliche Werkzeuge hilfreich sein, wie etwa das Strategiehaus, die Change Story, das Kräftefeld der Interessen, die emotionale Wetterkarte, sowie die Kunst, einen guten Workshop zu gestalten. Mehr dazu in Kapitel 9.

Das Kräftefeld der Interessen beachten (Mikropolitik)

Für die Transformation von Veränderungen sind ausreichend treibende Kräfte und damit Macht erforderlich. Deshalb muss sich das Projektteam auf der Basis der Ausgangsdiagnose am Anfang nicht nur über dieses Kräftefeld von Interessen Klarheit verschaffen, sondern zudem herausfinden, was genau zu tun ist, um die treibenden Kräfte bei der Stange zu halten. Jeder Beteiligte, egal ob er zu Beginn des Change-

Projekts dafür oder dagegen war oder sich für neutral erklärt hat, kann im Laufe des Projekts seine ursprüngliche Einstellung verändern, wenn er sieht, was geschieht oder geschehen könnte. Deshalb ist es unabdingbar, das Kräftefeld der Interessen immer im Auge zu behalten, um bei Bedarf rechtzeitig eingreifen zu können.

Zielkorridor im Auge behalten

Das Umfeld ist generell turbulent und nicht vorhersehbar. Deshalb müssen Sie als Change Manager parallel immer wieder prüfen, ob das Projekt noch im ursprünglichen Zielkorridor liegt oder ob sich an den äußeren Rahmenbedingungen (Kunde, Markt, Wettbewerb, Technologien) oder an den internen Erwartungen etwas geändert hat, die es notwendig machen, das Ziel neu zu justieren.

Schrittweise vorgehen

Von Lewin stammt der Satz: »Ein System lernt man erst kennen, wenn man versucht, es zu verändern.« Daraus lässt sich Folgendes ableiten: In der Planungsphase gibt es lediglich Hypothesen, man kann also nur auf Basis von Vermutungen arbeiten. Wie es wirklich läuft, erfährt man erst, wenn man tatsächlich handelt. Das ist ähnlich, wie wenn die Stadt Straßenarbeiten im Internet ankündigte. Prinzipiell könnte man sich ja darauf einstellen – aber wer tut das schon? Akut und aktuell wird es erst, wenn die Straßenarbeiten konkret begonnen haben und der Bagger den Zugang zur eigenen Garage blockiert. Dann ist die Aufregung groß, weil man direkt betroffen ist.

Jede Planung eines Change-Projekts ist vorläufig. Daher empfiehlt es sich, schrittweise vorzugehen, genau zu beobachten, was passiert, stets auf Überraschungen gefasst zu sein – und die weiteren Schritte nach und nach neu anzupassen. Mitunter kann es sogar passieren, dass es sinnvoll ist, einen Schritt zurückzugehen.

Die beharrenden Kräfte des Status quo erforschen

In meinen Anfangszeiten als Berater ließ ich mich leicht beeindrucken, wenn Manager mir erklärten, was sie alles verändern wollten und wie entschlossen sie dabei vorzugehen gedachten. Ich ließ mich schnell auf die Spur setzen, mit zu überlegen, wie die gewünschten Veränderungen angegangen werden könnten und welche Rolle ich dabei spielen würde. Ich benötigte einige Jahre an Erfahrung, um meine Spur zu wechseln. Heute höre ich zwar nach wie vor aufmerksam zu, was jemand verändern will und was ihn dazu bewegt. Aber ich nehme diese Ausführungen mit Ruhe und Gelassenheit zur Kenntnis, ohne gleich Überlegungen anzustellen, wie die gewünschten Veränderungen umgesetzt werden könnten. Vielmehr öffne ich eine andere Spur mit der Frage: »Warum sind denn die Dinge so, wie sie sind? «

Manchmal versuchen meine zu dem Zeitpunkt noch potenziellen Kunden, der Beantwortung dieser Frage aus dem Weg zu gehen. Sie betonen stattdessen nochmals ihren eindringlichen Wunsch nach Veränderung, verbunden mit dem Hinweis, meine Frage nach dem Grund des Status quo sei durch ihren Wunsch nach Veränderung sozusagen irrelevant. Doch je vehementer der Interessent meine Frage vom Tisch wischen will, umso neugieriger hake ich nach – freundlich, aber gnadenlos. Denn meine Erfahrung hat mich gelehrt: Solange ich nicht weiß, welche Kräfte den aktuellen Status herbeigeführt haben und welche ihn derzeit aufrechthalten (denn sonst bestände er nicht), solange ich keinen Eindruck davon habe, wie stark diese Kräfte sind, welche Interessen dahinterstecken und welche Rolle dabei gegebenenfalls der Interessent spielt, ist es naiv, darüber nachzudenken, wie hier Veränderungen bewerkstelligt werden könnten. Es muss ausreichend beharrende Kräfte geben, sonst gäbe es den Status quo in der aktuellen Form nicht.

Das Problem besteht nicht darin, diese Frage zu stellen und damit diese Spur zu eröffnen. Die wahre Kunst ist, so lange wie nötig auf dieser Spur zu bleiben. Aber eben nicht inquisitorisch, aufdeckend, aus der Beraterperspektive von oben herab, sondern als neugieriger Forscher, erkundend und dabei darauf bedacht, auf dieser Erkundungstour den potenziellen Klienten mitzunehmen. Das Ziel: verstehen und nachvollziehen, warum der aktuelle Zustand besteht, wie er entstanden ist, welche Rolle der Klient dabei spielt, wie er bislang damit umgegangen ist, was ihn dazu bewogen hat, jetzt »plötzlich« den Zustand ändern zu wollen, welche Vorstellungen er hat, wie das Ganze vonstattengehen könnte et cetera.

Bei diesem Eingangsdialog ist es für den interviewenden Change Manager oder Berater von Bedeutung, zwischen »Verstehen« und »Verständnis zeigen« zu unterscheiden. Verstehen ist wichtig – und in diesem Zusammenhang gilt es, lieber einmal mehr nachzufragen oder zusammenzufassen, was man verstanden hat. Anders ist es mit Verständnis zeigen. Wenn Sie in dieser frühen Phase Verständnis zeigen, könnten Sie womöglich Ihren Klienten voreilig aus seiner Mitverantwortung für den Status quo entlassen und sich dadurch – vielleicht sogar ohne es zu merken – instrumentalisieren lassen.

Mein Ziel ist dann erreicht, wenn ich als Berater auf dem Hintergrund des Status quo die Beweggründe verstehe und nachvollziehen kann, warum etwas geändert werden soll, einen groben Eindruck habe von dem entsprechenden Kräftefeld der treibenden und hemmenden Kräfte – und wenn mein Klient um meine Einschätzung weiß und selbst beginnt, in Kräftefeldern zu denken.

Falls es zum Projektstart kommt, ist im weiteren Verlauf das jeweils sich verändernde »Kräftefeld der Interessen« ein zentraler kontinuierlicher Begleiter. Und dies ist ein wesentliches Merkmal, wodurch sich ein reines Fachprojekt, wie etwa die Reparatur eines Hauses, von einem Change-Projekt unterscheidet: Die inhaltlichen, sachlichen Themen werden immer im Rahmen der relevanten Kräftefelder betrachtet und bewertet. Wie das gestaltet werden kann, wird bei dem Werkzeug »Kräftefeld der Interessen« in Kapitel 9 näher beschrieben.

Auftauphase – den Status quo irritieren, destabilisieren, dynamisieren

Wer etwas verändern will, muss zunächst das jeweilige System erkunden; er muss verstehen, was den aktuellen Status quo ausmacht und wie stabil er ist. Er muss es aber auch schaffen, das System aus seinem inneren Gleichgewicht zu bringen und die Energiefelder zu erschließen, die für die Veränderung erforderlich sind. Kurt Lewin hat diesen Schritt als erste Phase für Veränderungen mit »auftauen« beschrieben, der amerikanische Berater Noel M. Tichy[10] bezeichnet diesen Schritt als »aufwecken«.

Solange die Mitarbeiter rundum zufrieden sind oder ihre Situation für selbstverständlich oder unveränderbar halten, fehlt grundsätzlich die Voraussetzung für eine Veränderung. In diesem Fall gilt es, diese Ruhe zu destabilisieren, die Menschen aufzutauen oder aufzuwecken, also in Unruhe zu versetzen. Es geht darum, ein Problembewusstsein oder, anders formuliert, ein Gefühl der Dringlichkeit (engl. sense of urgency) zu schaffen. Vom Ausmaß des Problembewusstseins beziehungsweise der empfundenen Dringlichkeit hängt ab, wie stark die Beteiligten motiviert sind, sich für eine Veränderung zu engagieren.

Wie das gehen kann? Zwei Aspekte sind wichtig: Zum einen Irritationen schaffen, damit das System aus seinem inneren Gleichgewicht gerät, zum Beispiel mithilfe von Szenarien über die zukünftige Entwicklung, die echte Überlebensängste aufkommen lassen. Irritation ist der Beginn von Veränderung. Zum anderen geht es darum, die Betroffenen dort abzuholen, wo sie sind. Das heißt, sich mit ihren persönlichen Denk- und Interpretationswelten vertraut zu machen – und aus ihrer Welt heraus in ihrer Sprache darzulegen, warum Veränderungen unvermeidbar sind. Je sensibler die Themen und je stärker eigene Interessen berührt sind, desto mehr Zeit muss den Menschen eingeräumt werden, um sich vorsichtig an die heißen Fragen heranzutasten und sich mit dem geplanten Vorhaben auseinanderzusetzen. Erst wenn man spürt, dass die Betroffenen »wach« sind, genügend beunruhigt und alarmiert, erst wenn sie die Probleme wirklich zur Kenntnis nehmen, erst wenn ausreichend Energie spürbar ist, um die anstehende Veränderung zu starten, ergibt es Sinn, den ersten tatsächlichen Schritt zu tun.

Doch ist Angst wirklich ein guter Ratgeber? Hier gilt es, zwei Arten von Angst zu unterscheiden. Es gibt im Hinblick auf Veränderungen sozusagen eine gute und eine schlechte Angst. Die Befürchtung, dass das Unternehmen in seiner jetzigen Verfassung nicht überlebensfähig ist, muss vorhanden und auch ausreichend ausgeprägt sein. Wenn sie fehlt, müssen Sie sie geradezu erzeugen. Denn warum sollte man sonst etwas ändern (wollen)? Die Sorge, dazu nicht in der Lage zu sein, das nicht zu packen, ist hingegen kontraproduktiv. Diese Angst dürfen Sie nicht aufkommen lassen – und wenn sie doch auftritt, müssen Sie sie senken, indem zum Beispiel Hilfen zur notwendigen weiteren Qualifikation, Coachings oder sonstige Unterstützung angeboten werden. Darauf hat schon der amerikanische Psychologe Edgar H. Schein hingewiesen[11].

In diesem Prozess des Aufweckens wird der Change Manager oder Berater mit vielen Abwehrreaktionen konfrontiert: Erklärungen, warum das alles keinen Sinn ergibt; Erläuterungen, was man schon alles gemacht hat, ohne dass es sich gelohnt hätte; Hinweise, wer eigentlich schuld ist und was man tun müsste ... Derartige Reaktionen sind völlig normal. Entscheidend für den Change Manager oder Berater ist, in seiner Rolle als störender Aufwecker diese Reaktionen nicht als Angriffe und Vorwürfe auf sich persönlich zu beziehen, sondern in innerer Ruhe und emotionaler Distanz auf die Rolle, die er in dieser Situation einnimmt und einnehmen muss.

Wer den Fehler des schnellen Anfangs macht, um wie bei einem Blitzkrieg den großen Überraschungscoup zu landen, zahlt unter Umständen einen hohen Preis. Die Zeit, die er am Anfang zu gewinnen glaubte, wird er in späteren Projektphasen – schlimmstenfalls in der Umsetzungsphase – doppelt und dreifach verlieren.

Hier bewährt sich die anfängliche Prüfung dahingehend, ob Sie als Change Manager ausreichend Energie haben, um diese oft länger andauernden Auseinandersetzungen gelassen durchzustehen.

Dies ist kein einfacher, geradliniger Weg. Es werden immer wieder Phasen auftreten und Schleifen gedreht werden, die von Abwehr gegenüber dem Neuen geprägt sind. Immer wieder kann die erlernte Verzagtheit – »Man kann sowieso nichts ändern« –, gemischt mit einem gehörigen Schuss Bequemlichkeit – »Bisher ist es doch auch ohne das gegangen!« – die Oberhand gewinnen. Immer wieder können Bedenken, Zweifel, Skepsis und Misstrauen auftreten. Umso stärker, je mehr negative Erfahrungen die Betroffenen bislang mit Veränderungen gemacht haben, sozusagen je mehr Hypotheken das Vorgehen belasten: Drohende Gefahren waren nur vorgetäuscht; was durch die Veränderung erreicht wurde, hatte mit dem versprochenen gelobten Land überhaupt keine Ähnlichkeit – oder ganz generell, sie fühlten sich hinters Licht geführt, weil ihnen das Blaue vom Himmel versprochen wurde.

Change Manager müssen am Anfang stören, verunsichern, irritieren, destabilisieren, die Menschen mit sich selbst unzufrieden machen. Sie müssen sie so lange mit der Frage »Was passiert, wenn nichts passiert?« traktieren, sie so lange mit Informationen, Trends, (Schreckens-)Szenarien und deren Konsequenzen konfrontieren, bis die Unruhe zu greifen beginnt, bis sie es in ihrem inneren Schlupfwinkel nicht mehr aushalten und anfangen, darüber nachzudenken, was sie selbst aktiv beitragen könnten, damit sich an der aktuellen Situation etwas ändert. Bis sich der Ehrgeiz entwickelt, es anpacken zu wollen. Mit anderen Worten: Sie müssen die Menschen erst einmal für die Notwendigkeit von Veränderungen aufschließen, auftauen oder aufwecken, bevor Sie mit ihnen über Inhalte und konkrete Schritte der Veränderungen diskutieren können. Drohende Not oder Gefahr war übrigens schon immer – sofern rechtzeitig erkannt – ein großartiges Mittel, um Selbstheilungskräfte und Gestaltungsenergie zu aktivieren oder Menschen zusammenzuschweißen. Die Mittel und Wege dazu sind ein lückenloses kommunikatives Trommelfeuer, Szenarien und gleichzeitig konkrete Angebote, wie sich die Betroffenen intensiv mit den relevanten Themen befassen können.

Ohne innere Bewegung und emotionale Erschütterung wird sich an der Grundeinstellung nichts verändern. Auf dem alten Fundament der Zufriedenheit mit dem Status quo lässt sich keine neue Haltung aufbauen.

Entschlossenheit und Zuversicht erzeugen

Im Prinzip muss die Dissonanz zwischen Wissen und Handeln so deutlich werden, dass sie das vorherrschende innere Gleichgewicht kippen lässt und das allgemeine Problembewusstsein (»Es muss etwas geschehen«) in eine persönliche Aufbruchstimmung (»Packen wir es an!«) umwandelt.

Die Phase des Irritierens, des Beunruhigens, des Verunsicherns darf erst dann beendet werden, wenn Sie klare Signale für zweierlei erkennen:

1. Es entwickelt sich ausreichend Energie, die Dinge verändern zu wollen.
2. Betroffene gesellen sich der Gruppe derjenigen zu, die bereit sind, die Veränderungen voranzutreiben.

Das ist wie beim Verkaufsprozess: Ein wirklich guter Verkäufer verkauft nicht; er tut aber alles dafür, dass der Kunde Kauflust entwickelt und aus eigenem Antrieb einkauft. Er wird erst dann über das Produkt verhandeln, wenn der Kunde scharf darauf ist und klare Kaufsignale sendet: »In welchen Farben gibt es dieses Produkt?«, »Wie lange ist die Lieferzeit?« …

Scheint die grundsätzliche Bereitschaft und Energie vorhanden, sich mit in die Verantwortung nehmen zu lassen, um Veränderungen herbeizuführen, geht es darum, diese Energie gezielt auszurichten. Die Plattform dafür sind Ideen oder Vorhaben, oft noch sehr allgemein und unscharf, denen sich Menschen zuordnen können. Hilfreich kann es in dieser Startphase sein, anhand des Zielbilds gemeinsam abzuwägen, in welcher Hinsicht Beiträge geleistet werden können, und die richtigen Menschen zu gewinnen, die solche Themen in die Hand nehmen – und an die sich andere anhängen können.

Geradeheraus zum Kern der Sache kommen

Irgendwie hat es sich eingebürgert, bei Veränderungen zunächst mit den einfachen Aufgaben zu beginnen: leicht erreichbar, einfach zu erledigen, um sogenannte Quick Wins zu erzielen. Dieser Schongang mag bei manchen Aufgabenstellungen durchaus passen. Zum einen, wenn man den Prozess in einzelne Schritte aufteilen muss, weil man nicht alles auf einmal erledigen kann, etwa bei der Verbesserung von Dienstleistungen (schneller, früher, kostengünstiger, flexibler) oder im Umgang mit Kunden (persönliche Begrüßung, freundliche Ansprache und Verabschiedung, kleine Gastgeschenke). Zum anderen ist dies sinnvoll bei Kindern und Jugendlichen, die schrittweise an ein Thema herangeführt werden müssen, um zu lernen, Erfahrungen zu sammeln und Selbstbewusstsein aufzubauen.

Quick Wins können Mut machen, keine Frage. Sie können den Betroffenen die Chance geben, zu zeigen, dass sie bereit sind, sich zu engagieren. Sie schaffen die Möglichkeit, erste Erfahrungen zu machen und daraus zu lernen. Als Einstieg bei gravierenden Veränderungsvorhaben halte ich dies allerdings für heikel. Wir haben es schließlich nicht mit Kindern, sondern mit Erwachsenen zu tun. Der Quick-Win-Ansatz gaukelt eine Einfachheit vor, die in keiner Weise dem Ernst der Lage und der Härte der geplanten Eingriffe entspricht. Den Sprung über einen Abgrund kann man nicht in mehrere Abschnitte unterteilen.

Das fängt schon bei dem ersten Kontakt des Beraters mit dem Kunden an: Der Klient erklärt zunächst einmal seine Welt. Im Unterschied zum Patienten beim Arzt kann es in einem Unternehmen allerdings passieren, dass der tatsächlich Verantwortliche bei der ersten Kontaktaufnahme überhaupt nicht anwesend ist, sondern sich vertreten lässt. Möglicherweise soll der externe Berater beziehungsweise der interne Change-Beauftragte erst einmal getestet werden, ob er den Erwartungen und Kriterien entspricht, die immer in irgendeiner Form vorhanden sind. Es kann auch sein, dass die Philosophie oder Kultur des Hauses fordert, die obere Führungsetage so lange wie möglich außen vor zu halten und das Problem ohne sie lösen zu lassen.

Bereits an dieser Stelle kann die Verschleierung beginnen. Die Kernfrage, die sich jeder souveräne unabhängige Change Manager oder Berater stellen sollte, lautet daher: »Bin ich überhaupt beim richtigen Gesprächspartner?« Je mehr Gespräche geführt werden mit Menschen, deren eigentliche Verantwortung im Unternehmen unklar ist, umso verworrener wird das Bild. Jeder schildert seine eigene Sichtweise.

Das Ganze ergibt eine mehr oder weniger diffuse Mischung von vermeintlich objektiven Informationen, stellvertretender Wiedergabe von Erwartungen der Verantwortlichen und der eigenen Einschätzung der aktuellen Situation.

Und hier trennt sich die Spreu vom Weizen: Wer sich auf Teufel komm raus profilieren will oder als Berater verzweifelt auf Auftragssuche ist oder in einem Beratungsunternehmen in erster Linie an der erfolgreichen Akquisition gemessen wird, ist froh über jeden Gesprächskontakt. Hauptsache, der Kontakt reißt nicht ab.

Gründe für die Verschleierungstaktik

Aufseiten der Klienten

- Das anstehende Thema beziehungsweise das zugrunde liegende Problem soll aus Imagegründen etwas entschärft werden.
- Verhalten nach dem Motto: »Wasch mich, aber mach mich nicht nass.«
- Eine vorherrschende Unternehmenskultur, die offene Auseinandersetzungen und Konflikte eher verschleiert – bis hin zur Harmoniediktatur.
- Das Gefühl der Dringlichkeit ist (noch) nicht stark genug.
- Die Verantwortlichen sind selbst maßgebender Teil des Problems, wollen das aber nicht erkennen oder wollen verhindern, dass dies offenkundig wird.

Aufseiten der Change Manager beziehungsweise der Berater

- Es mangelt an der grundsätzlichen Verhaltenskompetenz der direkten Konfrontation.
- Der Change Manager/Berater hat Angst, durch direkte Ansprache den Auftrag möglicherweise zu verlieren.
- Das Beratungs- beziehungsweise Entwicklungskonzept ist vom Grundsatz her nicht ganzheitlich ausgerichtet, sondern fokussiert auf rein sachliche Dimensionen, zum Beispiel Strategien, Strukturen, Geschäfts-, Produktions-, Dienstleistungsprozesse, Produktportfolio, Ressourcensteuerung et cetera. Die Haltung der beteiligten Menschen und ihre (emotionale) Energie spielen keine Rolle.
- Das Beratungsunternehmen ist darauf aus, möglichst viel Geld zu verdienen, und möchte deshalb möglichst viele Berater möglichst lange beschäftigen. Jeder Umweg ist willkommen.
- Der Change Manager/Berater bleibt nicht ausreichend auf Distanz, lässt sich von Mitgefühl anstecken und handelt nach dem Prinzip »Wahrheit auf Raten« – im eigenen Selbstbild zum Wohl des Klienten, in Wahrheit jedoch, um sich selbst zu schonen.

Das alles ist vor dem Hintergrund der jeweiligen Bedürfnis- und Gefühlslage sowie der jeweils vorherrschenden persönlichen Interessenlagen verständlich und ganz natürlich. Doch ist die Folge ebenso natürlich: Veränderung findet nicht statt oder nur weit unter dem Niveau, das zunächst angekündigt war. Der Change-Prozess war von vornherein so angelegt, dass die geplante Veränderung zwar groß inszeniert wurde, die Umsetzung aber gar nicht gelingen konnte. Egal ob bewusst oder unbewusst, es handelt sich hier um geplante Folgenlosigkeit.

Wer keine Zeit verschwenden und ohne Umschweife zum Kern der Dinge kommen will, wird darauf bestehen, bereits im Vorfeld mit dem verantwortlichen Auftraggeber zu sprechen. Wird ihm das verwehrt oder gelingt es ihm nicht, wird er aussteigen. Wer sich nicht traut, diesen direkten Weg zu gehen, ist nicht nur der falsche Berater, sondern er setzt auch – womöglich ohne dass es ihm bewusst ist – falsche Signale. Er schafft sich als Ersatz eine Plattform für eine Mixtur von Mutmaßungen, subjektiven Interpretationen und Spekulationen, gemischt mit tatsächlichen oder angeblichen Besorgnissen, und merkt nicht, wie er dadurch beeinflusst, gesteuert, ja sogar regelrecht instrumentalisiert wird. Er wird Teil des Systems und damit Teil des Problems – und verliert seine Unabhängigkeit.

Der direkte Weg führt zu zwei Ergebnissen: Es wird erstens schnell deutlich, wie viel Energie überhaupt vorhanden ist, das Problem anzugehen. Zweitens wird unmittelbar erkennbar, wie die Unternehmenskultur beschaffen ist im Hinblick auf den Umgang mit konfliktbesetzten Themen, um die es bei Change schließlich immer geht. Dies ist gleich zu Beginn ein aussagekräftiger Härtetest.

Klare Sprache ohne Relativierungen oder Verschleierungen

Wer unverblümt zur Sache kommen will, muss auch in seiner Sprache klar, direkt und eindeutig sein. Umgekehrt gilt: Anhand der Sprache ist leicht zu erkennen, wie ernst es mit der angeblich geplanten Veränderung gemeint ist – sowohl aufseiten der Auftraggeber als auch aufseiten der Betroffenen.

Veränderungen werden im Allgemeinen nur in seltenen Fällen als tolle Geschenke, quasi als Bereicherung, erlebt und freudig willkommen geheißen. In den meisten Fällen sind Veränderungen in irgendeiner Form Zumutungen. Man verliert etwas, das man bislang geschätzt hat, oder etwas, womit man vertraut war. Stattdessen soll man nun etwas ganz Neues lernen, sich mit einer Situation abfinden, obwohl man unsicher ist, wie gut man damit zurechtkommen wird. Andererseits gehört es mittlerweile zum Standard, zumindest nach außen hin die Aussage »Das einzig Beständige ist der Wandel« abzunicken. Doch der innere Vorbehalt bleibt. Solange dies der Fall ist, kommt die angestrebte Veränderung nur schwerfällig in Gang. Zu erkennen ist der innere Vorbehalt unter anderem an der Sprache.

Die Lösung: mit Gelassenheit die Situation, den Veränderungsbedarf, das Ziel der Veränderung, das konkrete Vorgehen und die damit verbundenen Erwartungen an die Rolle der Betroffenen unverblümt und unverschleiert auf den Tisch bringen – und achtsam beobachten, wie die Betroffenen darauf reagieren.

Innere Vorbehalte suchen ihren Ausdruck und sind auf Dauer kaum zu verbergen. Am besten gehen Sie als Change Manager oder Berater ganz allgemein davon aus, dass negative Reaktionen im ersten Anlauf nicht offen auf den Tisch kommen – auch wenn dazu eingeladen wird, offen und ehrlich seine Meinung kundzutun. Vorsicht ist schließlich die Mutter der Porzellankiste. Die Betroffenen werden zunächst in geeigneter Form testen, inwieweit eine ehrliche Reaktion tatsächlich erwünscht ist. Sie werden entweder gar nichts sagen oder ihre »grundsätzliche« Zustimmung signalisieren – mit verdeckten Vorbehalten – und abwarten, wie darauf reagiert wird. Die Vorbehalte kommen sprachlich zum Ausdruck durch eingebaute Relativierungen, wie zum Beispiel »im Prinzip«, »in der Regel«, »grundsätzlich«, »eigentlich«, »auf den ersten Blick«, »Das klingt zwar nicht schlecht, aber ...« oder »zunächst mal«. Dies sind deutliche Hinweise auf die eigentliche Botschaft: »Ich bin (noch) nicht einverstanden.«

Nehmen Sie die Spur auf, die durch solche Relativierungen gelegt wird, und haken Sie nach. Zugegeben, das ist nicht ganz einfach. Beim ersten Nachfragen ist in der Regel mit Verharmlosung oder Ausflüchten zu rechnen, zum Beispiel: »Vergessen Sie die Einschränkung«, »Das ist nicht so gemeint«, »Das ist mir nur so herausgerutscht« ... Geduld ist gefragt! Wenn Sie ruhig und gelassen dranbleiben, wird Ihrem Gesprächspartner nach und nach klar, dass Sie an seiner persönlichen Meinung interessiert sind und ihn für seine Offenheit nicht bestrafen werden. Früher oder später öffnet sich die Schleuse, was Sie wiederum an der entsprechenden Formulierung ablesen können: »Wenn Sie es so genau wissen wollen ...«, »Ich glaube, offen gestanden, ...«.

Fazit: Bringen Sie am besten alles auf den Tisch, weder dramatisiert noch geschminkt, und erläutern Sie ruhig, welche Hintergründe und Zusammenhänge Sie zu diesem Change-Vorhaben veranlassen. Verständigen Sie sich so lange im offenen Dialog mit den Betroffenen, bis alle es verstanden, akzeptiert und ihre Rolle dabei gefunden und eingenommen haben – und bis auch klar ist, wer tatsächlich dagegen ist und welche Interessen seiner Haltung zugrunde liegen. Auf dieser Basis kann dann verhandelt oder auch klargestellt werden, dass es keine Alternative zum geplanten Vorgehen geben wird. Das Ganze ist weniger eine Frage des Zeitaufwands als eine Frage der Klarheit und Intensität. Und darüber hinaus ist diese Klarheit ein Vertrauensbeweis den Beteiligten gegenüber.

Noch ein Hinweis: Wer der Meinung ist, er relativiere und beschönige, um die Betroffenen zu schonen, sitzt mit hoher Wahrscheinlichkeit einer Selbsttäuschung auf. Es geht in Wahrheit nicht um die Betroffenen, sondern um ihn selbst. Wer ehrlich zu sich ist, weiß genau, dass er sich damit in erster Linie selbst schonen will. Er will bei den Betroffenen nicht als harter, grausamer Manager dastehen, sondern als jemand, der sich »leider« zu diesem Handeln gezwungen sieht. Nicht umsonst bedienen sich Manager in harten Fällen der Berater, die stellvertretend die grausamen Vorschläge machen und verantworten sollen. Sie werden als Testläufer eingesetzt – und wenn der Weg sich als gangbar erweist und von den Betroffenen (wenn auch schweren Herzens) akzeptiert wird, wagen sich die Manager wieder aus der Deckung.

Willkommen Widerstand

Die Gestalttherapeutin Kristine Schneider[12] hat diesen Titel gewählt für eine Abhandlung zum Sinn und Zweck von Widerstand im Rahmen von Psychotherapie. Auch bei Veränderungen im Rahmen von Change-Projekten sind Widerstände an der Tagesordnung, wie bereits im vorhergehenden Kapitel dargelegt. Sie kosten Zeit und Energie, stehen dem Ziel mehr oder weniger massiv im Weg und werden deshalb in aller Regel vom Change Manager gefürchtet. Von daher scheint es folgerichtig, alles zu tun, um Widerstände tunlichst zu vermeiden beziehungsweise sie – wenn sie schon nicht zu vermeiden sind – möglichst rasch zu unterdrücken.

Dabei gilt: Nicht das Auftreten von Widerstand sollte Sorge oder Verdacht erwecken, sondern das Ausbleiben von Widerstand. Steht eine gravierende Veränderung ins Haus, die mit alten, eingeschliffenen Mustern bricht, und es ist kein Widerstand der Betroffenen erkennbar, dann ist etwas faul und sehr verdächtig. Für das Ausbleiben von Widerstand gibt es im Grunde nur zwei vernünftige Erklärungen: Entweder schätzen die Betroffenen das Vorhaben als völlig irrelevant ein oder sie geben dem Vorhaben keinerlei Chance, die Phase theoretischer Gedankenspiele jemals zu verlassen. In beiden Fällen lohnt es sich für sie nicht, das Risiko einzugehen, Widerstand zu leisten.

Wie entsteht Widerstand?

Von Widerstand kann immer dann gesprochen werden, wenn vorgesehene Entscheidungen oder getroffene Maßnahmen, die auch bei sorgfältiger Prüfung als sinnvoll, logisch oder sogar dringend notwendig erscheinen, aus zunächst nicht ersichtlichen Gründen auf diffuse Ablehnung stoßen, nicht unmittelbar nachvollziehbare Bedenken erzeugen oder durch passives Verhalten unterlaufen werden.

Wenn wir allerdings Widerstand aus der »psychologischen« Perspektive anschauen, ergibt sich ein völlig anderes Bild. Wir lernen, Widerstand bei Veränderungen als völlig normale Reaktion zu betrachten, so normal wie Fieber bei einer Krankheit. Fieber ist eine sinnvolle Abwehrreaktion, eine Form der Selbstheilung des Körpers durch Hitze. Gleichzeitig ist Fieber ein Warnsignal des Körpers. Ein guter Arzt wird also das Fieber nicht unterdrücken, sondern erkunden, wo die Ursache im Körper liegt, die es auslöst.

Wir rechnen von vornherein bereits bei der Ankündigung von Veränderungen mit Widerstand, noch stärker, wenn diese Vorhaben in die Umsetzung gehen.

Change Management ist Widerstandsmanagement

Die Ursachen für Widerstand sind im Grunde – wenn man sich ernsthaft bemüht, sich in die Lage der Betroffenen zu versetzen – durchaus naheliegend, eben »psycho-logisch«:

Die Betroffenen

- wissen nicht, worum es eigentlich geht;
- verstehen die Ziele, Hintergründe oder Motive einer Veränderungsmaßnahme nicht;
- wissen und verstehen zwar, worum es geht, aber sie glauben nicht, was man ihnen sagt;
- wissen zwar Bescheid, haben verstanden und glauben auch, was gesagt wird, aber sie wollen oder können nicht mitgehen, weil sie zum Beispiel befürchten, etwas für sie Relevantes zu verlieren oder den neuen Anforderungen nicht gewachsen zu sein.

Mit Widerstand offen und konstruktiv umzugehen ist einer der zentralen Erfolgsfaktoren beim Change Management. Aus der »psycho-logischen« Perspektive betrachtet ist Widerstand im Grunde kein Störfaktor, sondern eine Chance, neue Erkenntnisse zu gewinnen und blockierte Energien freizusetzen. Widerstand zu unterdrücken oder zu verteufeln ist zwar verständlich, weil Widerstand – zumindest kurzfristig gesehen – als unangenehm erlebt wird. Doch im Grunde ist es das Dümmste, was man tun kann. Widerstand zur Seite zu schieben heißt, ein wichtiges Signal auszuschalten.

Einschneidende Veränderungen lösen bei den Betroffenen naturgemäß folgende Fragen aus:

- Warum das alles? Wozu soll das gut sein?
- Was bedeutet das für mich, meine Funktion und Aufgabe?
- Was bedeutet das für meine weitere Entwicklung?
- Kann beziehungsweise will ich den damit verbundenen Konsequenzen und Anforderungen gerecht werden?

Wer die Betroffenen gewinnen will, die Veränderungen aktiv mitzutragen und mitzugestalten, muss für solche Auseinandersetzungen Raum schaffen – vor allem gut zuhören ohne Zeit- und Ergebnisdruck und aufrichtig interessiert sein an der Situation der Betroffenen, ihren persönlichen Meinungen und ihren emotionalen Befindlichkeiten. Nur wenn klar ist, worin die Quelle des Widerstands liegt, ist der Weg frei für Vorgehensweisen, die nicht nur die Ziele des Projekts, sondern auch die individuellen, vom Change Manager als »egoistisch« erlebten Interessen der Betroffenen berücksichtigen. Nur das aufrichtige Interesse für die Situation und die persönliche Meinung der Betroffenen kann die notwendige Vertrauensbasis schaffen, damit auch heiklere Gedanken und Empfindungen von den Beteiligten frei geäußert werden.

Damit liegt auch auf der Hand, wie ein konstruktiver Umgang mit Widerstand aussieht: in Ruhe mit den Betroffenen in den Dialog kommen – einzeln oder in kleinen Gruppen. Dieser Dialog- und Aushandlungsprozess ist aus zwei Gründen nicht einfach: Auf der einen Seite fühlen sich Change Manager durch den Widerstand häufig persönlich zu Unrecht angegriffen. Sie reagieren empfindlich, sie glauben, sich rechtfertigen und verteidigen zu müssen, und laden mit dieser Haltung kaum zu einem offenen Austausch in Bezug auf andere Ansichten und Empfindungen ein. Auf der anderen Seite befürchten diejenigen, die im Widerstand sind, genau die Verteidigungsreaktion der Change Manager und verschärfen deshalb ihre Angriffe beziehungsweise verschleiern die wahren Ursachen durch vorgeschobene Sachargumente. Im Umgang mit Widerständlern zeigt sich sowohl für diejenigen, die selbst im Widerstand sind, wie auch für alle, die diesen Prozess aus einer gewissen Distanz beobachten, ob das Zusammenspiel gerade auch bei unterschiedlichen Interessen grundsätzlich von Vertrauen und Wertschätzung geprägt ist oder ob es darum geht, dass die einen gewinnen und die anderen verlieren – je nach Verteilung der Machtverhältnisse. Genau diese im praktischen Umgang erfahrenen Prinzipien bestimmen später dauerhaft das Klima im Umgang miteinander.

Wenn Sie wollen, können Sie die Probe aufs Exempel machen und den Widerstandsprozess konkret an einem persönlichen Beispiel reflektieren: Rufen Sie sich dazu eine persönliche Situation in Erinnerung, in der Sie selbst in den Widerstand gegangen sind. Reflektieren Sie, wie Sie selbst und wie Ihre Interaktionspartner nach außen agiert haben, worum es Ihnen im Grunde ging und wie viel davon offiziell auf der Tagesordnung abgehandelt wurde.

Sie können sich zudem eine Situation in Erinnerung rufen, in der Sie selbst etwas vorantreiben wollten und die Adressaten Ihrer Maßnahme Widerstand geleistet haben. Wie haben Sie spontan auf diesen Widerstand – innerlich und nach außen – reagiert?

Hier nun die Möglichkeiten, wie Sie als Change Manager oder Berater situationsbezogen auf die eingangs skizzierten vier häufigsten Ursachen von Widerstand reagieren können:

- Die gesendeten Informationen über Anlass und Zielsetzung der geplanten Veränderungen sind bei den Betroffenen nicht angekommen. Sie wissen also nicht, worum es eigentlich geht. Die Reaktion darauf ist relativ einfach: Reichen Sie das notwendige Wissen in angemessener Form nach.
- Die Betroffenen haben die notwendigen Informationen erhalten, haben aber die Ziele, die Hintergründe oder die Motive einer Veränderungsmaßnahme nicht verstanden. Die Reaktion darauf ist schon etwas schwieriger. Alles noch einmal zu erklären reicht hier nicht aus. Erkunden Sie zunächst, auf welchem Erkenntnisstand die anderen sich befinden und wo genau das Unverständ-

nis liegt. Erst dann treten Sie gezielt in den Dialog mit den Betroffenen.
- Die Betroffenen wissen zwar, worum es geht, sie haben auch die Hintergründe und Motive verstanden, aber sie glauben nicht, was man ihnen sagt. Jetzt wird es richtig knifflig. Versuchen Sie zunächst herauszufinden, welche Motive hinter der Ungläubigkeit stecken. Dafür kann es meines Erachtens zwei Beweggründe geben:
  1. Es gab bereits in der Vergangenheit mehrere Ansätze zum Change. Diese wurden entweder nicht konsequent durchgeführt oder sind gescheitert. Ist dies der Fall, ist der Weg klar: Erläutern Sie in Ruhe, ohne Beschönigung oder Verschleierung, was bei den anderen Ansätzen passiert ist und warum der neue Ansatz das Vertrauen der Betroffenen verdient.
  2. Ungläubigkeit kann auch als pure Blockade inszeniert werden, um ohne weitere persönliche Begründung außen vor bleiben zu können. Hier hilft nur die direkte Auseinandersetzung.
- Die Betroffenen wissen Bescheid, haben den Sinn des geplanten Change-Projekts verstanden und glauben auch, was gesagt wird. Doch sie wollen oder können nicht mitgehen, weil sie sich von den vorgesehenen Maßnahmen keine positiven Konsequenzen für sich selbst versprechen oder Angst haben, den mit der neuen Situation verbundenen Anforderungen nicht gerecht werden zu können. Hier hilft nur, den Betroffenen einerseits nichts vor-

zumachen und ihnen andererseits Wege aufzuzeigen, wie sie sich auf die neue Situation vorbereiten und eventuell auch qualifizieren können.

Widerstand ist immer ein Signal. Es zeigt an, wo Energie blockiert ist beziehungsweise wo Energien freigesetzt werden können. Widerstand ist also im Grunde kein Störfaktor, sondern eine Chance – vorausgesetzt, sie wird als solche erkannt und wahrgenommen. Das gefährlichste Hindernis liegt nicht im Widerstand der Betroffenen, sondern in der Ungeduld der Planer und Entscheider!

In Fällen, wo die Ursachen für den Widerstand darin liegen, dass die Mitarbeiter existenziell betroffen sind, geht es nicht nur darum herauszufinden, woher der Widerstand kommt – das liegt auf der Hand –, sondern vor allem darum, unnötige Folgeschäden zu verhindern und die Glaubwürdigkeit des Managements zu erhalten. Vier Aspekte sind entscheidend:

1. Die Lage nicht verschleiern, nicht schönreden und keine Wahrheit auf Raten, sondern den Betroffenen von Anfang an die volle Wahrheit zumuten.
2. Klar kommunizieren, wer gegebenenfalls vom Stellenabbau betroffen sein wird und wer auch weiterhin gebraucht wird – und warum. Ansonsten liegt nahe, dass die besten Fach- und Führungskräfte sich als Erste nach Alternativen umschauen werden. Wenn dieser Erosionsprozess erst einmal eingesetzt hat, ist er kaum mehr aufzuhalten.
3. Klar kommunizieren, dass für die Zukunft weder eine generelle Beschäftigungsgarantie noch eine

klare Festlegung für eine bestimmte Funktion abgegeben werden kann.
4. Mit denjenigen, die das Unternehmen verlassen müssen, sozialverträgliche Ausstiegsmodalitäten aushandeln, gegebenenfalls gemeinsam mit den Belegschaftsvertretungen. Diejenigen, die im Unternehmen bleiben, werden sehr genau beobachten, wie mit jenen umgegangen wird, die gehen müssen – und sie werden ihre Einstellung zum Unternehmen daran ausrichten. Denn sie könnten schließlich die Nächsten sein, die es trifft.

Individueller Widerstand ist unmittelbar beobachtbar, erlebbar und greifbar. Man kann Menschen darauf ansprechen, sie damit konfrontieren – oder bereits im Vorfeld mit ihnen daran arbeiten, die Zielsetzung, Hintergründe und Zusammenhänge der geplanten Veränderung zu verstehen – und so vielleicht ihre Einstellung verändern.

Parallel zur individuellen Form von Widerstand gibt es eine zweite, die sich subtil in einer bestimmten Art von Strukturen, Prozessen, Modellen und Regeln in Form von Leitsätzen und Unternehmenskulturen verbirgt, mit deren Hilfe sich soziale Systeme steuern. Diese Zusammenhänge zu erkennen, das verdeckte Widerstandspotenzial zu identifizieren und professionell damit umzugehen ist eine ganz spezielle Herausforderung, die den Bereich psychologischer Herangehensweise deutlich überschreitet. Diese quasi eingebauten Widerstände kann man nur entdecken, wenn man sich intensiver mit den beschriebenen und ungeschriebenen Normen einer Institution und dem zeitgebundenen Hintergrund befasst, in dem sie entstanden sind. Näheres dazu in Kapitel 4 »Widerstand – Schutz und siamesischer Zwilling von Veränderung«, Abschnitt »Im System verankertes Widerstandspozenzial«.

Von der Information zur Kommunikation

Kommunikation wird häufig mit Information gleichgesetzt und diese wiederum rechnet mit einem Adressaten, der wie ein offener Trichter prinzipiell immer aufnahmebereit ist. Auf diesem Hintergrund basiert auch der bereits erwähnte Dreisprung:

konzipieren → kaskadieren → exekutieren

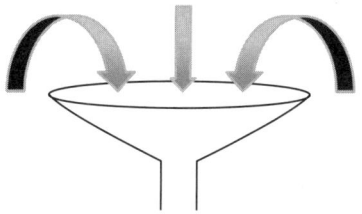

Abbildung 8.1: Kommunikation: der stets aufnahmebereite Adressat

Dies ist allerdings eine Fiktion, denn der Mensch ist kein offener, immer empfangsbereiter Trichter.

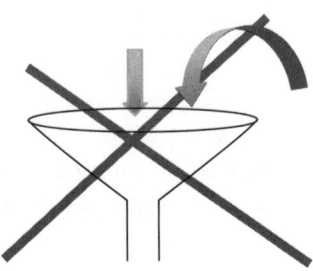

Abbildung 8.2: Kommunikation: der offene Trichter – eine Fiktion

Bei genauerem Hinsehen ist das exakte Gegenteil der Fall: Der Empfänger kommt einem umgedrehten Trichter mit einem schmalen Einlassstutzen gleich. Diesen muss man erst einmal erwischen, um überhaupt die Chance zu haben, in den Trichter hineinzukommen. Alles andere prallt von ihm ab.

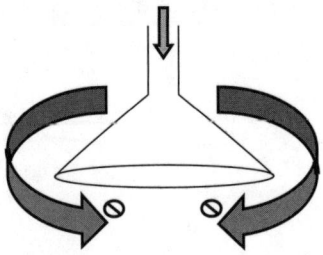

Abbildung 8.3: Kommunikation: umgedrehter Trichter

Der Einlassstutzen ist zusätzlich mit drei Filtern versehen. Was wirklich beim Empfänger ankommt, kann der Sender also gar nicht wissen.

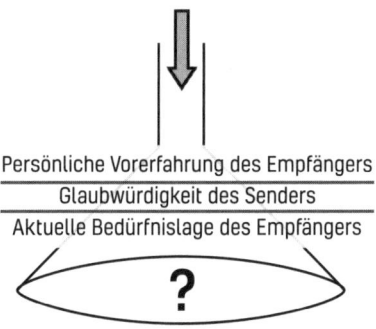

Abbildung 8.4: Kommunikation: Trichter mit drei Filtern

Deshalb ist erst auf der Basis von ehrlichem Feedback erkennbar, welche Information beim Empfänger tatsächlich angekommen ist und was sie in ihm ausgelöst hat.

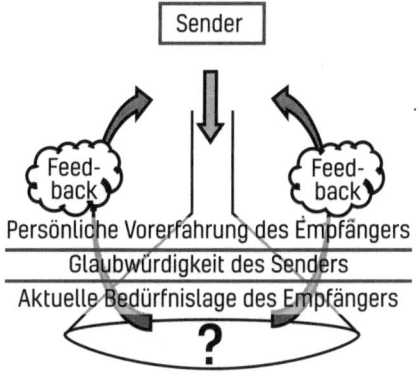

Abbildung 8.5: Kommunikation: Trichter mit Feedbackschleifen

Erfolgreich kommunizieren kann daher nur, wer vorher sondiert, wie seine Adressaten eingestellt sind, seine Information danach ausrichtet und sich dann Feedback holt, um durch diese Rückkoppelung insgesamt einen echten Kommunikationsprozess in Gang zu setzen. Eine Präsentation kann noch so brillant, eine Ansprache noch so geschliffen, ein persönlicher Kontakt noch so geschmeidig sein – entscheidend für die Akzeptanz ist, welche Fundamentalbotschaft der Sender vermittelt, das heißt welche Absicht tatsächlich hinter seiner »Ansprache« steckt beziehungsweise dahinter vermutet wird. Genau diese Interpretationen auf der Seite der Empfänger gilt es in Erfahrung zu bringen, um gegebenenfalls gegensteuern zu können – ein Prozess der praktizierten Wertschätzung.

Gesetzmäßigkeiten der Kommunikation

Wer sein kommunikatives Handeln kompetent gestalten will, tut gut daran, einige grundsätzliche Aspekte – gewissermaßen Gesetzmäßigkeiten – der Kommunikation zu beachten:

- Je einschneidender eine Botschaft in ihrer Wirkung sein soll und je wahrscheinlicher dabei wesentliche Interessen der Empfänger berührt werden, desto stärker wird sich die Situation in der Regel emotional aufladen. Desto mehr empfiehlt es sich demzufolge, ein Verfahren zu wählen, das einen lebendigen Dialog ermöglicht. Viele Vorgesetzte gehen offener Kommunikation nicht zuletzt deshalb aus dem Weg, weil sie befürchten, dass dies bedeuten könnte, alle würden bei allem mitreden und alles zerreden. Im Klartext: Je mehr wir uns in der Praxis vor einer direkten Auseinandersetzung fürchten und davor flüchten wollen, umso mehr ist sie angesagt.

- »Man kann nicht nicht kommunizieren.« Diesen Grundsatz hat der Kommunikationswissenschaftler Paul Watzlawick für die persönliche Interaktion zwischen Menschen formuliert. Er lässt sich aber durchaus auf größere Einheiten übertragen. Lücken in der erwarteten Kommunikation, Schweigen, einseitige Stellungnahmen, für die kein Platz zur Auseinandersetzung eingeräumt wird, werden durch eigene Vermutungen und Interpretationen ersetzt. Was nicht offiziell mitgeteilt wird, wird tendenziös entsprechend den eigenen Vorurteilen hineininterpretiert.
- Jeder hört nur, was er hören will. Je emotional aufgeladener die Situation, desto größer ist das Risiko der sogenannten selektiven Wahrnehmung – siehe zum Beispiel die oben erwähnten drei Filter. So können jeweils völlig unterschiedliche »Wahrheiten« empfangen beziehungsweise dem Sender unterstellt werden.
- Schnelle Kommunikation erfordert direkte Wege. Hängt die Wirksamkeit einer Botschaft davon ab, dass sie schnell und möglichst unverfälscht ihren Adressaten erreicht, muss sie auf möglichst kur-

zem Weg, das heißt ohne Zwischenstationen und mit der Möglichkeit von direktem Feedback (etwa Rückfragen und Kommentare), an den Empfänger transportiert werden. Hierfür ist die Kaskade des hierarchischen Dienstwegs in der Regel höchst ungeeignet. Wer über Zwischenvermittler zentrale Botschaften versendet, kann mit an Sicherheit grenzender Wahrscheinlichkeit davon ausgehen, dass etwas anderes ankommt als das, was ursprünglich auf die Reise geschickt wurde. Der Grund liegt auf der Hand: Niemand wird etwas weiterleiten, das ihn selbst in ein ungünstiges Licht stellen könnte; er wird alles für ihn Schädliche weglassen oder zumindest durch Relativierungen entschärfen. Und wo immer möglich, wird er zu seinem persönlichen Nutzen eigene Duftmarken hinzufügen.

Mehrdimensionales dynamisches Steuerungsmodell

Manager fragen immer wieder nach rational schlüssigen Vorgehensmodellen, an denen sie sich bei Veränderungsprozessen ausrichten können. Es gibt eine ganze Reihe von strukturierten Phasenmodellen, die Orientierung versprechen, wie Unternehmen sich entwickeln und wie Change-Prozesse gesteuert werden sollen. Die meisten dieser Modelle haben ein klares Muster: Am Anfang steht die Zumutung der Veränderung mit entsprechenden Anforderungen und (abwehrenden) Reaktionen. Dazwischen liegt eine Anzahl von Schritten, wie diese Zumutung und die anfänglichen Reaktionen be- und verarbeitet werden. Und dann gibt es ein klares Ende, an dem das Unternehmen und die betroffenen Mitarbeiter sozusagen den erwünschten Reifegrad und die notwendige Flughöhe erreicht haben. Hier ein paar Beispiele:

- Nach Friedrich Glasl und Bernardus C. Lievegoed entwickeln sich Organisationen in vier Phasen: Pionierphase, Differenzierungsphase, Integrationsphase, Assoziationsphase.
- Kurt Lewin hat für Veränderungsprozesse in Gruppen und Organisationen ein 3-Phasen-Modell formuliert: Auftauen (Unfreezing), Verändern (Changing), Einfrieren (Refreezing).
- John P. Kotter beschreibt in seinem Buch *Leading Change*[13] die Entwicklung von Veränderungen in acht Stufen und ergänzt diese später durch ein Netzwerk aus motivierten Freiwilligen als zweites Betriebssystem, die kreative Initiativen ergreifen und Veränderungen schnell umsetzen sollen.
- Manche Berater orientieren sich am Zyklus der Trauer mit fünf Stufen von Elisabeth Kübler-Ross, einer Schweizer Psychiaterin.

Diese Phasenmodelle bieten zwar Orientierung, aber vor dem Hintergrund des aktuellen, auf Dauer turbulenten Umfelds halte ich sie für nicht mehr ganz zeitgemäß.

Die drei Steuerungskreise für Verhalten

Menschen richten sich in ihrem Leben und Verhalten gleichzeitig an verschiedenen Ebenen aus, werden davon beeinflusst und gesteuert. Die Basis bildet der Körper im Hinblick auf seine Funktionsfähigkeit. Vitalität ist zwar nicht alles, aber ohne ausreichende Vitalität ist alles andere nichts. Ist der Körper nicht gesund und nicht voll funktionsfähig, hat dies massive Auswirkungen auf das emotionale Empfinden und die geistige Fitness. Diese zweite, emotionale Dimension beeinflusst das körperliche Wohlergehen und Wohlbefinden, aber auch die rationale Leistungsfähigkeit. Diese wiederum hat Rückwirkungen auf das emotionale wie auch auf das vitale Steuerungssystem. Das bewusst wahrnehmbare Fühlen, Denken und Handeln lässt sich nicht isoliert einer einzigen Dimension zuordnen und kann demnach auch nicht isoliert von dort beeinflusst werden.

Es sind drei unterschiedliche Steuerungskreise, die eng miteinander verbunden sind. Jedes Verhalten ist jeweils das Ergebnis unterschiedlicher Impulse der folgenden drei Steuerungskreise:

1. *Vital:* biologische körperliche Basis
2. *Emotional:* automatisiertes intuitives Informations- und Signalsystem
3. *Rational:* vernunftgeleitetes Denken und Handeln

Vor diesem Hintergrund empfehle ich, sich zur Steuerung von Entwicklungen und Veränderungen in Organisationen an einem Modell zu orientieren, das

- alle drei Dimensionen umfasst,
- davon ausgeht, dass die Dimensionen sich wechselseitig beeinflussen,
- berücksichtigt, dass die Entwicklung den sicheren Hafen eines stabilen Endzustands weder erreichen wird noch erreichen kann, sondern sich immer in Bewegung befindet – solange das Umfeld in Bewegung bleibt.

Um in dieser unbeständigen Wetterlage sich selbst und ein Unternehmen gezielt auszurichten und erfolgreich zu steuern, gilt es meines Erachtens, in einer Mixtur aus allen drei Steuerungskreisen vor allem folgende Aspekte im Auge zu behalten:

- Vitale Antriebe und Energiequellen, Gesundheit, Lebenswille, körperliches Befinden (Fitness – Behinderungen), Lebensfreude, Stress
- Persönliche Situation, Lebensentwürfe und Vorstellungen der Betroffenen im Hinblick auf Arbeit, weitere Entwicklung, Familie
- Kompetenzen im Hinblick auf Führung, Projektmanagement, Unternehmensentwicklung, Change/Transformation
- Interessen, eingespielte Verhaltensmuster der Betroffenen, unter anderem Widerstände, Blockaden, Begierden, Zuneigung, Ängste, Rivalitäten
- Verantwortungsübernahme beim Management und Eigenverantwortung bei möglichst vielen Beteiligten und Betroffenen

- Organisationaler Rahmen und Bedingungen, unter anderem Ziele, Strategien, Prozesse, Strukturen, finanzielle Ausstattung, Produkte/Dienstleistungen, Logistik, Personal, Unternehmenskultur, Markt, Orientierung am Kunden
- Generelle Kontexte/Umweltfaktoren, unter anderem politisch, wirtschaftlich, technologisch, gesellschaftlich

Abbildung 9: Ganzheitlich integrierte Steuerung

Die verschiedenen Aspekte gleichzeitig im Blick zu behalten ist sicher keine triviale Angelegenheit. Zumal Menschen je nach ihrer grundlegenden Einstellung und persönlichen Erfahrung unterschiedliche Schwerpunkte setzen. Im Grunde helfen nur zwei Dinge: einerseits persönliche Reflexion (auch wenn es schwerfällt) und andererseits sich ab und zu einen Sparringspartner leisten, der einen zwingt, die eigene subjektive Sicht zu verlassen.

Zukunftsmodell für eine neue Praxis

Das Change-Projekt ist auf einem guten Weg, wichtige Teilschritte sind erfolgreich abgeschlossen – und man atmet erleichtert auf, ist zufrieden mit sich. Doch dann muss man leider oftmals feststellen: Zu früh gefreut! Das Umfeld ist instabil, neue Rahmenbedingungen verändern die Zielkoordinaten, andere Aspekte werden wichtig und auch das interne Kräftefeld der Interessen bleibt in Bewegung. Wer sich gestern noch lauthals für ein bestimmtes Projekt oder Vorgehen ausgesprochen hat, geht überraschend auf Tauchstation oder ist jetzt sogar dagegen.

Was tun? Sich ärgern oder die Flügel hängen lassen? Alles verständlich, aber nichts davon ändert etwas an der Situation. Die bessere Alternative wäre, aus der Perspektive der unterschiedlichen Dimensionen zu erkunden, was zu der aktuellen Situation geführt hat, Vernetzungen mit anderen Dimensionen zu prüfen und auf Basis dieser Erkenntnisse das weitere Handeln unverzagt neu auszurichten. Mithilfe dieses Modells ist es möglich, auf Dauer unerwartete Entwicklungen, Brüche, Unstimmigkeiten, Widersprüche, Schwankungen sowohl rational zu bearbeiten als auch hinsichtlich der emotionalen Energie zu erkunden und zu managen.

In den meisten Unternehmen beobachte ich Steuerungsprinzipien, die in folgender Rangfolge bedient werden: Im Mittelpunkt steht die finanzielle Steuerung des Unternehmens anhand unterschiedlicher Kriterien, wie etwa Umsatz, Deckungsbeitragsrechnung,

Marktanteil et cetera. In zweiter Linie wird viel Aufmerksamkeit darauf verwendet, klare Strukturen und Abwicklungsprozesse im Rahmen der IT zu schaffen, um eine professionelle Aufgabenerledigung sicherzustellen. Als Nächstes geht es um die Aktualität und Attraktivität des Produkt- beziehungsweise Leistungsportfolios im Hinblick auf Markt, Kunde und Wettbewerb und selbstverständlich auch darum, gute Mitarbeiter zu gewinnen und zu halten. Die theoretisch immer wieder beschriebene, nahezu angemahnte Agilität und Flexibilität suchen sich mühsam ihren Gestaltungsraum.

»Festgemauert in der Erden steht die Form aus Lehm gebrannt«, heißt es in *Das Lied von der Glocke* von Friedrich von Schiller. Ähnliches erlebe ich nach wie vor in den meisten Organisationen. Vorherrschend sind in Strukturen eingefasste, klar definierte Zuständigkeiten und geordnete bürokratische Abläufe sowie teilweise für das ganze Jahr oder darüber hinaus abgestimmte Strategien. Sie sollen in stürmischen Zeiten den festen Rahmen bieten. In diesem stabilen, festgemauerten Rahmen soll sich die notwendige Dynamik der Mitarbeiter sowohl im Hinblick auf ihr generelles Verhalten als auch im Hinblick auf ihre Aufgabenstellung und die notwendigen Abstimmungen miteinander entwickeln und entfalten.

Ich halte das für eine Fata Morgana, ein totes Pferd, Schnee von gestern – wie immer Sie es nennen wollen. Ich würde das gerne radikal umdrehen. Ausgehend von der Einschätzung, dass das Umfeld instabil bleibt und man stets auf Überraschungen gefasst sein muss, gibt es aus meiner Sicht nur eine neue, alternativlose Form von Stabilität: Alle Beteiligten müssen sich regelmäßig, notfalls sogar jeden Tag aufs Neue, miteinander abstimmen.

- Wie sieht aktuell das relevante Umfeld aus?
- Stimmen unsere Ziele noch?
- Stimmt die strategische Ausrichtung?
- Passen unsere Abläufe?

Wenn irgendetwas nicht (mehr) stimmt, muss es sofort angepasst oder geändert werden.

Nun ist es keineswegs so, dass aktuell in Unternehmen mit festen Strukturen keine vielfältigen Abstimmungen stattfinden würden. Im Gegenteil! Viele klagen zu Recht darüber, dass zu viele im wahrsten Sinn des Wortes »Be-Sprechungen« – man redet nicht miteinander, sondern be-spricht sich gegenseitig und keiner hört zu – die Zeit rauben. Die allseits üblichen Sitzungen verlaufen weitgehend nach einem Muster, das sich substanziell von dem von mir skizzierten Modell unterscheidet: Das Feste sind die Strukturen und geregelten Abläufe. Die geforderte Flexibilität und Agilität müssen immer wieder neu verhandelt werden – in einem oft mühsamen Prozess, bisweilen auch harten Kampf. Wer nicht mitziehen will, ist vom geltenden Grundprinzip her legitimiert, sich nach eigenem Ermessen in seine »festgemauerte Form« zurückzuziehen, und kann von dort, aus seinem Schützengraben, die Agilität und Flexibilität boykottieren.

Auf der Basis des beschriebenen Modells würde die neue Ordnung bedeuten: Strukturen, Abläufe, Strategien und damit auch Zuständigkeiten sind stets auf dem Prüfstand, sie stehen grundsätzlich zur Disposition. Abstimmungen untereinander verfolgen nur ein einziges Ziel, nämlich die aktuellen Herausforderungen zu meistern. Sich daraus zurückzuziehen ist unmöglich, denn es gibt keine festen Rückzugsorte mehr. Und wenn es jemand aus alter Gewohnheit versuchen würde, bekäme er die rote Karte, das heißt er würde aus dem Spiel genommen.

Dieses Modell wird vielen Menschen zunächst einmal nicht passen. Es widerspricht auf den ersten Blick den menschlichen Grundbedürfnissen nach Klarheit, Ordnung und Sicherheit. Andererseits könnte uns die weitere Entwicklung der Rahmenbedingungen schneller als gedacht dazu zwingen, dieses Modell zu wählen, wenn wir im harten Wettstreit überleben wollen. Anders formuliert: Es könnte für diejenigen, die vorne dabei sein wollen, ein äußerst attraktives Modell werden, wenn es gelingt, diese Kehrtwende der Ordnung in der grundsätzlichen Haltung der Betroffenen zu verankern.

Kapitel 6

VON ANDEREN LERNEN – EINE SUBJEKTIVE AUSWAHL

Wir tun es alle: Wir üben Einfluss auf andere aus, zum Beispiel in der Erziehung, und wir werden von unterschiedlichsten Seiten beeinflusst. Wir haben schon im Kindergarten und in der Schule erlebt, was Gruppendruck bewirken kann. Jeder von uns weiß, wie stark Emotionen und das jeweilige Umfeld Wahrnehmung und Verhalten steuern können. Wie stark die Vergangenheit, je weiter sie zurückliegt, das damalige Geschehen in rosiges Licht tauchen kann, weiß auch jeder. Wir kennen die Macht von Bildern.

Es gibt unendlich viele Formen der Beeinflussung. Manche bemerken wir, manche nicht. Mit manchen Dingen sind wir durchaus einverstanden, weil sie uns Genuss und Vorteile verschaffen, manches würden wir hingegen verfluchen, wenn wir es bemerken würden. Wir sind in unterschiedlicher Hinsicht manchmal Opfer, manchmal Täter. Von Albert Einstein stammt das Zitat: »Es ist schwieriger, eine vorgefasste Meinung zu zertrümmern als ein Atom.« Wer hat das nicht schon im Privatleben erfahren? Gleichzeitig erleben wir immer wieder, wie Autoritäten mit charismatischer Ausstrahlung das Denken von Menschen außer Kraft setzen.

Ich habe hier ein kleines Potpourri zusammengestellt, das mir in Bezug auf Change von besonderer Bedeutung scheint. Es geht darum, wie wir Verhalten beeinflussen und uns selbst vor unerwünschter Beeinflussung besser schützen können. Ich habe Aspekte ausgesucht, die für Change Manager und Berater in der praktischen Arbeit hilfreich sein können. Diese Auswahl hat keinerlei Anspruch auf Vollständigkeit. Es handelt sich um Erkenntnisse aus der sozialpsychologischen Verhaltensforschung, Erklärungen von Soziologen und Erfahrungen von Menschen, die erfolgreich andere beraten (haben), sich so zu organisieren, dass sie ihre Interessen besser durchsetzen können.

Erkenntnisse aus der sozialpsychologischen Verhaltensforschung

Der Psychologe Dieter Frey[14] hat in Bezug auf die Akzeptanz von Reformen unter anderem folgende Erkenntnisse aus der sozialpsychologischen Forschung hervorgehoben und daraus einige Anregungen für Führung im Hinblick auf Change abgeleitet:

1. Menschen schätzen die Verständlichkeit der Sprache.
   Ableitung: Kein Fachchinesisch verwenden und sich weniger auf Expertenurteile berufen

2. Menschen wollen Sicherheit.
   Ableitung: Was beschlossen ist, als unvermeidbar und irreversibel deutlich machen und dadurch das Bedürfnis nach Planungssicherheit befriedigen.

3. Menschen fürchten Verlust mehr, als sie Gewinne begrüßen.
   Ableitung: Als Ziel beziehungsweise Begleiterscheinung der Veränderung darlegen, dass es bei der Veränderung darum geht, Verluste zu minimieren, statt mögliche Gewinne in den Vordergrund zu stellen. Wo unbedingt Einschränkungen thematisiert werden müssen, klar herausstellen, welche Verluste oder Nachteile sich durch die Veränderungen vermeiden lassen.

4. Menschen haben ein Grundbedürfnis nach Transparenz und Sicherheit.
   Ableitung: Diese Sehnsucht nach Erklärbarkeit/Nachvollziehbarkeit, Vorhersehbarkeit und Beeinflussbarkeit von Veränderungen kann befriedigt werden durch eine klare Sinnvermittlung und nachvollziehbare Notwendigkeit sowie Klarheit und Einfachheit in der Darstellung, also Transparenz.

5. Menschen wollen fair behandelt werden.
   Ableitung: Fairness kann in vielfacher Hinsicht eine Rolle spielen, zum Beispiel in Bezug auf Informationen, Ergebnisse, Leistungserwartung, Bedürfnisse, Vorgehen et cetera. Je nach eigener Situation und Po-

sition in der Gesellschaft empfindet man unterschiedliche Akte und Umgangsformen als fair beziehungsweise angemessen. Wichtig ist daher vor allen Dingen, eine gerechte Lastenverteilung zu ermöglichen.

Spielregeln der Macht

Macht spielt bei Change-Projekten immer eine wesentliche Rolle, sowohl aufseiten derjenigen, die Veränderungen herbeiführen wollen, als auch aufseiten derjenigen, die Veränderungen verhindern wollen. Es geht immer um die Frage: Wie kann ich mein Vorgehen organisieren und welche Rolle muss ich selbst dabei spielen, damit ich die angestrebte Wirkung erziele? Und wie kann ich das Vorgehen der »Gegner« durchschauen und klug darauf reagieren? Viele sehen die Macht ausschließlich in der hierarchisch abgesicherten Entscheidungsmacht. Das aber greift viel zu kurz. Denn Macht entsteht und spielt sich in vielerlei unterschiedlichen Feldern ab. Wer also Wirkung erzielen will, tut gut daran, diese verschiedenen Aspekte zu ergründen und für sein Vorgehen zu nutzen. Zu dem Thema Macht habe ich zwei Experten ausgewählt – Heinrich Popitz und Saul David Alinsky – und einige aus meiner Sicht für Change wesentliche Hinweise und Anregungen kurz zusammengefasst.

Der Soziologe Heinrich Popitz stellte seine Antrittsvorlesung an der Universität Freiburg unter das

Thema: Wie entsteht eigentlich Macht? Er veröffentlichte seine Gedanken dazu unter dem Titel *Prozesse der Machtbildung*[15]. Zu Beginn seines Essays zitiert Popitz den englischen Philosophen David Hume: »Nothing appears more surprising to those who consider human affairs with a philosophic eye than the easiness with which the many are governed by the few.« (Für jemand, der den Umgang der Menschen miteinander aus einem philosophischen Blickwinkel betrachtet, für den ist nichts überraschender als die Erkenntnis, wie einfach es ist, dass es nur wenige benötigt, um Mehrheiten zu beherrschen.)

Wie zeigt sich Macht?

Bei der Betrachtung von Macht wird der Fokus häufig auf Entscheidungsmacht im Rahmen von hierarchischen Positionen gelegt. Macht spielt aber weit darüber hinaus eine zentrale Rolle, sie zeigt sich in sehr unterschiedlichen Dimensionen, zum Beispiel:

- *Rollen und Positionen:* Rechte und Pflichten
- *Funktionen:* je nach Marktwert oder speziellen Erfordernissen
- *Expertenkompetenz:* Deutungshoheit unabhängig von hierarchischer Position
- *Mikropolitik:* zum Beispiel mithilfe von Netzwerken

Wie funktioniert Macht?

- Macht ist grundsätzlich auf Mitspieler angewiesen. Sie lebt davon, dass die Adressaten den Versuch der Beeinflussung freiwillig oder gezwungenermaßen akzeptieren. Ohne Akzeptanz der Adressaten gibt es auf Dauer keine Macht.
- Mächtige kalkulieren stets mit der Tendenz der Machtlosen und Unterprivilegierten zu Selbstentwertung und Selbstunterwerfung – und das meist mit Erfolg.
- Mächtige versuchen, sich unter anderem dadurch vor dem drohenden Machtverlust zu schützen, dass sie diejenigen, die ihnen gefährlich werden könnten, partiell an ihrer Macht teilhaben lassen. Dies ist bei Licht besehen keine Abgabe von Macht, sondern eine raffinierte Form, durch diese Beteiligung einen Schutzwall um sich herum aufzubauen – denn Beteiligte sind dankbar und haben nun ein eigenes Interesse daran, dass die bestehende Machtkonstellation möglichst lange aufrechterhalten bleibt.
- Die Besitzlosen haben im Gegensatz zu den Besitzenden eine prinzipielle Startschwierigkeit, sich zu organisieren, weil sie sich nichts zu bieten haben – zumindest solange sie dies glauben. Solidarität auf zukünftigen Gewinn hin ist allemal schwieriger als Solidarität auf der Basis aktuell vorhandenen Besitzes.

Wie nimmt man ein Machtrevier in Besitz?

Nachdem attraktive Handlungsfelder in aller Regel bereits besetzt sind, geht es nicht nur darum, ein neues Revier zu besetzen, sondern auch, um bereits besetzte Reviere zu erobern oder sich zumindest eine Beteiligung zu sichern. Wie kann das gelingen?

- *Ein Revier in Besitz nehmen als selbstverständlich erscheinen lassen.* Selbstverständlichkeit ist eine der wirkungsvollsten Formen von Inbesitznahme. Sie unterlässt jede sachliche Begründung. Das unverfrorene, dreiste Auftreten erstickt jegliches Hinterfragen im Keim. Es bedarf lediglich eindrucksvoller Schlagworte, wie zum Beispiel »Das ist wissenschaftlich erwiesen«, »Jedermann weiß doch«, »Das ist eindeutig eine Führungsaufgabe«, »So reagieren alle Menschen«, »Man muss immer damit rechnen, dass ...« et cetera. Sprache, Auftreten, Inszenierung sind perfekt aufeinander abgestimmt.
- *Wer Macht will, muss etwas zu bieten haben, das kostbar und rar ist.* Das eigene Leistungs- und Kompetenzprofil im Hinblick auf die Kunden und Adressaten des Angebots ist demnach so zurechtzuschneiden, dass man nicht nur den mit der Aufgabe und Rolle verbundenen Erwartungen gerecht wird (Pflicht), sondern zusätzlich in irgendeiner speziellen Art als einmalig, unverwechselbar und deshalb als rar erlebt wird (Kür).

- *Fakten schaffen.* In Situationen, die nicht eindeutig geregelt sind, gibt es zwei Möglichkeiten: abwarten, bis alles geregelt ist, oder den Freiraum nutzen und handeln. Wer wartet und sich erst absichern will, riskiert mit seinem Zögern, andere Interessenten erst darauf aufmerksam zu machen, dass es hier etwas zu holen gibt. Es ist leichter, etwas Erworbenes wieder zurückzugeben oder umzuverteilen, als etwas Neues zu erwerben. Darüber hinaus sind Besitzende attraktiver für andere Besitzende, um sich gegenseitig abzusichern, also Solidarität zu bekunden.
- *Des Kaisers neue Kleider ...* Sich trauen, das Selbstverständliche ganz selbstverständlich infrage zu stellen, wie im Märchen »Des Kaisers neue Kleider« des dänischen Schriftstellers Hans Christian Andersen.

Macht organisieren

Saul David Alinsky (1909–1972)[16] war ein amerikanischer Bürgerrechtler und Wegbereiter der Gemeinwesenarbeit. Vor dem Hintergrund des verstärkten Aufkommens von faschistischen Bewegungen, die versuchten, die Aussichtslosigkeit der Slum-Bewohner auszunutzen, entwickelte Alinsky die Idee, eine Bürgerdachorganisation zu gründen mit dem Ziel, die Durchsetzungskraft von (benachteiligten) Gruppen zu stärken. In der amerikanischen Zeitschrift

The Nation wurde er einst als »der führende Unruhestifter der USA« bezeichnet. Unruhestifter bedeutete in seinen Augen, die Unruhe beziehungsweise unerfüllte Interessen so zu organisieren, dass sie etwas bewirken können. Seine Kernfrage: Wie können diejenigen, die nichts haben, den Besitzenden Macht (weg)nehmen?

Dazu beschrieb er eine ganze Reihe von Taktiken, die seiner Erfahrung nach Wirkung erzielen. Ich habe aus seinen Empfehlungen einige ausgewählt, die ich im Hinblick auf das Thema Change für besonders relevant halte:

- Macht ist nicht nur das, was man besitzt, sondern das, von dem der Gegner meint, dass man es hat.
- Hat man ausreichend Macht, gilt es, diese auch zu demonstrieren; hat man keine ausreichende Macht, dann so auftreten, dass die anderen glauben, man hätte sie.
- Manche »Gegner« legitimieren sich und ihr Handeln mit hehren Werten. Wenn man ihr konkretes Handeln an ihren eigenen Gesetzen misst und sie öffentlich damit konfrontiert, kann man sie leicht aus der Fassung bringen, weil sie nie ihren eigenen Gesetzen folgen können, so wie die Kirche nie dem christlichen Glauben gerecht werden kann.
- Spott ist die stärkste Waffe des Menschen. Es ist fast unmöglich, gegen Spott anzukämpfen. Außerdem macht Spott den Gegner wütend, sodass er (außer Kontrolle) dann zu deinem eigenen Vorteil reagiert.

- Die eigentliche Aktion besteht in der (gezielt hervorgerufenen) Reaktion des Gegners.
- Die Drohung hat in der Regel mehr abschreckende Wirkung als die Sache selbst.
- Die wichtigste Voraussetzung für jede Taktik ist das Entwickeln einer Strategie, mit der ein konstanter Druck auf den Gegner ausgeübt wird. Nur der nie nachlassende Druck führt zu Fehlreaktionen des Gegners.
- Wer erfolgreich angreifen will, muss eine konstruktive Alternative aufzeigen.
- Es ist unbedingt notwendig, zu personalisieren. Denn gegen ein lebloses Gebilde, das keine Seele oder keine Identität hat, wie zum Beispiel ein Konzern oder eine Behörde, kann man nicht die notwendige Angriffsstimmung erzeugen. Empfehlung: eine Zielscheibe wählen, festnageln, personalisieren und sich auf sie einschießen … Ein Kriterium für die Auswahl der Zielscheibe ist ihre Verwundbarkeit.
- Entschlossen kann nur handeln, wer überzeugt ist, dass die Engel auf der einen und die Teufel auf der anderen Seite stehen.

Technik der Eindruckssteuerung

Wer erfolgversprechend etwas bewirken will, muss nicht nur auf sein Vorgehen achten, sondern auch auf sein Auftreten und wie sein Auftreten auf diejenigen wirkt, die er beeinflussen will. Ein Change Manager wird von den Betroffenen unter anderem danach beurteilt, wie er auftritt. Wenn er selbst Unsicherheit ausstrahlt, wird es ihm kaum gelingen, Zuversicht zu vermitteln. Wenn sein näheres Umfeld ihn persönlich als unzugänglich erlebt, kann er noch so nachdrücklich ehrliches Feedback und offene Kommunikation einfordern, er wird damit keinen Erfolg haben. Die Bedeutung der Art und Weise des Auftretens hat vor allem der kanadische Soziologe Ervin Goffman (1922–1982)[17] näher beschrieben. Er erweitert die üblichen soziologischen Perspektiven, wie man eine Institution betrachten kann, mit einer dramaturgischen Perspektive unter der Überschrift »Technik der Eindrucksmanipulation«.

Diese neue Perspektive ist in allen sonst üblichen soziologischen Perspektiven enthalten:

- In der *technischen Perspektive* geht es darum, dass die Betroffenen den Eindruck erwecken wollen, dass mit ihrer Art zu arbeiten tatsächlich die erhoffte Wirkung erzielt wird.
- In der *politischen Perspektive* wird der zuständige Leiter seinen Einfluss nicht nur mit seinem tatsächlichen rollenbedingten Einfluss im konkreten Handeln, sondern auch durch ein entsprechendes Auftreten zum Ausdruck bringen.
- In der *strukturellen Perspektive* kommt die Dramaturgie durch die inszenierte soziale Distanz und das damit gepflegte Image zum Ausdruck.

- In der *kulturellen Perspektive* geht es darum, unabhängig von der Realität den notwendigen Schein zu vermitteln, dass die definierten Wertvorstellungen eingehalten werden.

Wer wirksam beeinflussen will, muss sein »offizielles« Auftreten nicht nur danach ausrichten und danach beurteilen, was er selbst will und wie er sich selbst einschätzt, sondern nach dem Bild, das sein Umfeld von ihm hat beziehungsweise haben soll.

Im Theater geht es dem Rollenträger darum, die volle Aufmerksamkeit des Publikums durch die Art und Weise, wie er die Rolle repräsentiert, für sich zu gewinnen und zu begeistern. Ähnliches gilt für jeden, der im Zusammenspiel mit anderen Menschen etwas bewirken will beziehungsweise erreichen muss. Er muss sich darüber klar sein, dass er sich auf einer voll ausgeleuchteten Bühne bewegt. In der Rolle als Change Manager muss er gezielt zuversichtlich auftreten, auch wenn er im Grunde gar nicht wissen kann, ob das geplante Vorhaben erfolgreich sein wird. Er darf seine innere Unsicherheit nicht nach außen sichtbar machen. Ein Chirurg kann auch nie wissen, ob die anstehende Operation gelingen wird. Aber es wäre fatal, wenn er bei dem Patienten den Eindruck der Unsicherheit erwecken würde. Nicht von ungefähr treten Klinikärzte im weißen Kittel auf, Bischöfe im feierlichen Gewand, Richter in Eindruck heischender Robe. Erholung gibt es nur in einem abgetrennten Bereich »hinter der Bühne«. In einem kleinen Kreis von sehr

Vertrauten kann ein Change Manager sich so geben, wie es ihm gerade geht. Dort kann er auch seine ganzen Zweifel oder auch seinen Ärger abladen, ist aber gut beraten, aufzupassen, dass dieser private Teil tatsächlich abgetrennt bleibt.

Kapitel 7

KOMPETENZPROFIL CHANGE MANAGER – EIN PERSÖNLICHES NAVIGATIONSSYSTEM

Führen ist in Zeiten permanenter Veränderung immer auch Change Management. In diesem Kapitel wird ein Leitfaden modelliert, anhand dessen jeder Change Manager oder Berater sich einschätzen, positionieren oder Schwerpunkte für seine weitere Professionalisierung setzen kann.

Auf die Frage, was einen guten Change Manager und damit auch gute Führung ausmacht, kann es keine allgemeingültige Antwort geben. Führen ist eine Funktion, die je nach akuter Herausforderung, eigener Haltung, gesellschaftlichem Kontext und vorhandenen Fähigkeiten unterschiedlich verstanden und wahrgenommen werden kann. In Zeiten massiver Veränderungen, die auf Dauer weder kalkulierbar noch vorhersehbar und teilweise widersprüchlich sind und aufgrund der Unsicherheit Angst auslösen (können), sehe ich grundsätzlich zwei Möglichkeiten: entweder eine heldenhafte Führung, abgesichert in festen hierarchischen Strukturen nach dem Prinzip der althergebrachten hierarchischen Ordnung, oder Führung als flexible Funktion, die je nach Bedarf von unterschiedlichen Beteiligten in unterschiedlichen Formen wahrgenommen werden kann. Primat: individuelle Selbstverantwortung und daraus abgeleitet Selbstführung.[18]

Im Rahmen von Veränderungsprojekten und Veränderungsprozessen sind je nach Situation unterschiedliche Kenntnisse und Fähigkeiten erforderlich. Auf der einen Seite braucht es spezialisierte Fachkompetenz. Daneben gibt es eine zweite Kategorie von Expertise: Wie gestaltet man erfolgversprechende Change-Prozesse, egal ob als Manager oder als beratender Sparringspartner? In bestimmter Hinsicht überschneiden sich diese beiden Kategorien: Ein Fachmann und ein Fachberater sind dann nachhaltig gut, wenn sie sich nicht nur im engeren Sinn mit der Sache befassen, sondern auch die Vernetzungen berücksichtigen, die notwendig sind, damit die Funktionsfähigkeit sichergestellt ist. Auf der anderen Seite bleiben psychologisch orientierte Prozesssteuerung und Prozessberatung pure Theorie, wenn sie losgelöst vom speziellen sachlich-fachlichen Kontext konzipiert und durchgeführt werden. Neben der Vernetzung von Fachkompetenz und Prozesskompetenz muss der Change Manager auch abwägen, welche Rolle jeweils in der konkreten Situation erforderlich ist, um den anstehenden Change erfolgversprechend zu gestalten: »nur« ermöglichen und ermutigen … mit beispielhafter Dynamik den Vorreiter machen … bewusst Raum geben, damit die Betroffenen selbst den Freiraum füllen … sich an einer etablierten Rolle orientieren, zum Beispiel Pilot, Lotse, Trainer, Moderator, Coach, Sparringspartner, oder als generelles Vorbild dienen ... und anderes mehr.

Fachkompetenz, Prozesskompetenz und die Variabilität der Rolle jeweils situationsgerecht anzuwenden und miteinander zu verknüpfen setzt voraus, dass Change Manager sich simultan in drei Dimensionen bewegen: intellektuelles Wissen und Verstehen (Erkennen), emotionale Einstellung (Wollen) und die Bereitschaft zu handeln (Tun). Insgesamt ergibt sich daraus ein Profil, das im Verhalten des Change Managers sichtbar zum Ausdruck kommt, in der Wirkung beobachtet werden kann und an dessen Anpassung an neue Entwicklungen und Herausforderungen der Change Manager beharrlich arbeiten kann:[19]

- *Ganzheitlich in Kontexten und Vernetzungen denken.* Sie können nicht für alles ein versierter Fachmann sein. Doch Sie können sehr wohl über die Ihre Fachkompetenz hinaus mit ausgeprägtem Interesse alle relevanten Dimensionen – Umwelt, Strategien, Prozesse, Strukturen, Personen, Ressourcen – beleuchten, um herauszufinden, inwieweit diese in der konkreten Situation Ihres Veränderungsprojekts eine Rolle spielen und zu beachten sind.
- *Ambiguitätstoleranz versus Sehnsucht nach Eindeutigkeit.* Dinge sind oft unscharf oder können sich in ihrer Bedeutung schnell verändern. In vielen Fällen müssen vielerlei Aspekte und Perspektiven gleichzeitig ins Kalkül gezogen werden, die sich gegenseitig widersprechen können. Vor diesem

Hintergrund wird die Fähigkeit, Mehrdeutigkeiten zu ertragen, zur Voraussetzung erfolgreichen Verhaltens. Wer Eindeutigkeit braucht, kann sich diese nur um den Preis von Verkürzung oder Verabsolutierung von bevorzugten Perspektiven oder persönlicher Engstirnigkeit zurechtbiegen.

- *Reflexionsfähigkeit.* Viele Manager wollen sich durch sichtbares erfolgreiches Handeln als »Mann der Tat« profilieren oder glauben, dass dies von ihnen erwartet wird. Doch schon Albert Einstein wusste: »Ist ein Problem erst einmal erkannt, ist der Weg zu seiner Lösung eine Selbstverständlichkeit.« Vor diesem Hintergrund lautet meines Erachtens bei Konflikten die Kernfrage nicht »Was ist zu tun?«, sondern »Was ist los?«. Solange diese Frage nicht ausreichend beantwortet ist, ist Handeln fahrlässig und dient eher der Selbstdarstellung und Imagepflege des Change Managers.
- *Entscheidungs- und Handlungsfähigkeit auch bei Widersprüchen und Unsicherheiten.* Peter F. Drucker[20] und C. K. Prahalad haben unabhängig voneinander bereits gegen Ende des letzten Jahrhunderts darauf hingewiesen, dass das technologische, wirtschaftliche und politische Umfeld keine eindeutigen klaren Entwicklungen mehr aufzeigt, sondern volatil, zum Teil brüchig und widersprüchlich ist. Daraus ergibt sich als neue Anforderung an Führung »managing discontinuities« (Unstetigkeiten/Brüche managen). Zur Ambiguitätstoleranz im Rahmen der Wahrnehmung und Beurteilung von Situatio-

nen kommt hier ein zweiter Schritt: speziell im aktuellen Zeitdruck auch bei Widersprüchen und Unsicherheiten möglichst früh Entscheidungen treffen und handeln. Denn nur im und durch das Handeln können Erfahrungen gewonnen werden. Wer dazu nicht in der Lage ist, riskiert, mit seinen Ideen zu spät zu kommen. Die parallele Fähigkeit zur Reflexion unterscheidet dieses reflektierte experimentelle Handeln von operativer Hektik.
- *Sich (»mikropolitisch«) einmischen.* Wollen Sie wirklich etwas bewirken, reicht es nicht, sich nur auf Ihrem sachlichen Feld zu bewegen. In vielen Fällen sind neben den sachlich-fachlichen Aspekten verdeckte mikropolitische Interessen im Spiel, die das Geschehen in eine ungeplante Richtung treiben können. Da geht es unter anderem um Macht, Einfluss, Rivalitäten, Bündnisse, Neid, Eifersucht, Kampf um Anerkennung. Diese können ein Change-Projekt fördern, behindern, blockieren oder viel schneller treiben, als dies sinnvoll wäre. Dieses Kräftefeld der Interessen frühzeitig zu erkennen, zu erkunden und sich einzumischen bedeutet, den eigenen engen sachlich-fachlichen Rahmen zu überschreiten. Ohne ein ausreichendes Maß an eigenem »politischen« Einfluss werden Sie nur betteln, ermahnen und fordern, aber wenig bewegen können, sondern laufen Gefahr, instrumentalisiert zu werden.
- *Kommunikationsfähigkeit und Offenheit für Feedback.* Kommunikation wird häufig mit In-

formation gleichgesetzt. Erfolgreich kommunizieren kann nur, wer vor seiner Information sondiert, wie seine Adressaten eingestellt sind, seine Information entsprechend ausrichtet und sich durch systemische Feedbackschleifen vergewissert, wie die Information angekommen ist und was sie beim Adressaten auslöst. Erst das Feedback ermöglicht es, die unterschiedlichen Einschätzungen, Unklarheiten und offenen Fragen im Rahmen eines anschließenden Dialogs miteinander zu klären. (Siehe Kapitel 5, Abschnitt »Von der Information zur Kommunikation«.)

- *Zuversichtlicher aktiver Coach und engagierter Teamspieler.* Hilfe zur Selbsthilfe bedeutet unter anderem, die Betroffenen zu beteiligen. Die Konsequenz: Sowohl in einer formellen Führungsfunktion als auch im Rahmen einer in Selbstverantwortung übernommenen Aufgabe verstehen Sie sich stets als flexibler, integrationsfähiger Teamspieler und zugleich als Coach, der anderen die Spielkunst beibringt und dafür größtmöglichen Raum für Eigeninitiative schafft. Es gibt kein Bedürfnis, alles im Griff haben zu wollen, kein Chefgehabe. Mitarbeiter sehen Sie als Kollegen und Sie vermitteln ihnen gleichzeitig das Gefühl, in guten Händen zu sein – so befriedigen Sie deren Grundbedürfnis nach Sicherheit. Auf gleicher Augenhöhe gewinnen Sie die anderen für sich, ohne Unterwerfung oder Unterordnung (Untergebene) einzufordern. Insgesamt strahlen Sie grundlegend Zuversicht aus.

- *Gelassen mit heiterer Besessenheit.* Da Ihnen klar ist, welche vielfältigen Hindernisse sich Veränderungen in den Weg stellen können, sind Sie auch realistisch genug, zu wissen, dass grundsätzlich immer die Möglichkeit des Scheiterns besteht. Deshalb ist Ihnen bewusst, dass Sie nur mit einem gehörigen Maß an Leidenschaft Ihr Ziel erreichen werden. Andrew Grove, Ex-Intel-Chef und Pionier des Silicon Valley, schildert in seiner Biografie mit dem sinnigen Titel *Nur die Paranoiden überleben* den gnadenlosen Wettkampf im Silicon Valley. Man muss zwar nicht von krankhaftem Verfolgungswahn (Paranoia) befallen sein, aber ohne ein gehöriges Maß an Zähigkeit, ja Besessenheit, gibt es keine nachhaltige Wirkung. Zu groß sind die Verlockungen, bei den vielen Schwierigkeiten klein beizugeben. Beharrlichkeit und letzte Konsequenz sind entscheidende Erfolgskriterien. Auf der Basis dieser Erfolgskriterien fordern die einen kompromissloses leidenschaftliches Engagement, andere raten zu Ruhe und Gelassenheit, weil Menschen so (bequem) sind, wie sie sind. Für welchen dieser beiden Wege sollte man sich entscheiden? Ich denke, es stimmt beides, und schlage deshalb eine dritte Variante vor: heitere Besessenheit. Besessenheit, weil sich ohne unbeirrbaren stetigen Antrieb nichts bewegen lässt. Heiterkeit, weil wir mit all den menschlichen Bequemlichkeiten und Ausreden – inklusive der eigenen – rechnen, die sich diesem Antrieb in den Weg stellen werden. Wir beobachten dies mit einer gewissen Heiterkeit und gewähren trotzdem kein Pardon. Wer nur Besessenheit kennt, ist verkrampft, wirkt verbissen und ist als Führer nicht attraktiv. Wer es aber schafft, seiner Besessenheit, das gesteckte Ziel zu erreichen, einen gehörigen Schuss Heiterkeit beizumischen, weil er die »Psycho-Logik« der menschlichen Natur ins Kalkül zieht, bei dem wird Leidenschaft zum lockeren, unerschöpflichen Antrieb.

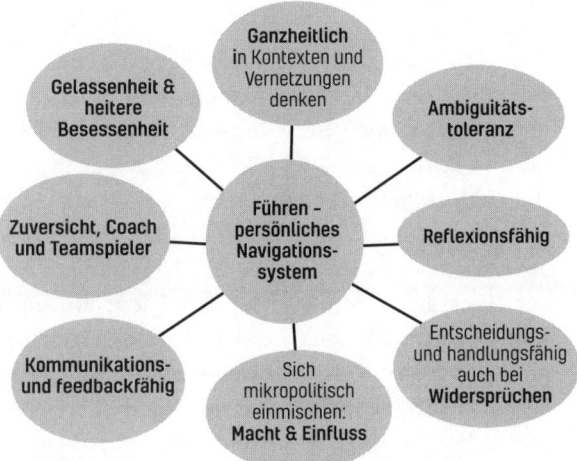

Abbildung 10: Führen – persönliches Navigationssystem

Kapitel 8

EXTERNE BERATER: AUSWAHL UND STEUERUNG

Unternehmen engagieren für Change-Projekte häufig Berater von außen. Die Gründe dafür sind vielfältig: Das eigene Know-how im Unternehmen reicht nicht aus; es mangelt an personeller Kapazität; die Internen sind miteinander nicht einig oder gar Teil des Problems und es mangelt deshalb an Glaubwürdigkeit et cetera. Nahezu jedes Beratungsunternehmen bietet mittlerweile Change-Kompetenz an. Manche zu Recht, andere sehen ohne dieses Angebot kaum eine Chance, relevante Projekte an Land zu ziehen.

An dieser Stelle einige subjektive Beobachtungen:

- Je größer Beratungsfirmen sind, desto stärker stehen sie unter Druck, Geschäft zu machen. Die Konsequenz: Der reife, souveräne Vorzeigepartner stellt sich im Unternehmen vor und akquiriert, doch seine Mitarbeiter erledigen im Anschluss die eigentliche Arbeit. In der Mannschaft sind viele junge, fleißige Mitarbeiter, die allerdings von Change zum Teil nur eine sehr begrenzte Ahnung und noch begrenztere praktische Erfahrung haben, weil sie

selbst derartige Situationen noch kaum persönlich erlebt haben.
- Im Vordergrund der Beratungsarbeit stehen zunächst einmal breit angelegte Befragungen, häufig in Form von kurzen Workshops, zum Zustand des Unternehmens, über die Befindlichkeit der Mitarbeiter, ihre Einschätzung des Status quo und ihre Ideen zur Lösung.
- Die Mitarbeiter des Unternehmens werden von den Beratern rund um die Uhr beschäftigt und von ihren operativen Aufgaben abgehalten – und das alles im Auftrag der oberen Heeresleitung, worauf die Berater bei Bedarf, wenn zum Beispiel Mitarbeiter auf die eigene Zeitknappheit hinweisen, auch demonstrativ verweisen. Vor allem wenn dies nicht zum ersten Mal geschieht, ärgern sich die Mitarbeiter maßlos über diese »Abmelk-Workshops« (ein Ausdruck, den mir ein gestandener Berater aus einer sehr renommierten Beratungsorganisation als bei ihm im Haus übliche Bezeichnung geschildert hat).
- Das Beratungsunternehmen fasst die Ergebnisse unter dem eigenen Namen zusammen – die Ideen der Mitarbeiter werden ohne namentliche Nennung eingebaut (Eigentums- oder Urheberrechte spielen selbstverständlich keine Rolle) – und bringt Vorschläge zur Lösung, in den meisten Fällen neue Strukturen oder auch neue Geschäftsprozesse. Dazu wird ein Foliensatz von bis zu hundert Seiten zur Situation des Unternehmens mit den Vorschlägen der Berater erstellt;

das Ganze mit möglichst vielen Eindruck heischenden Zahlenkolonnen gespickt. Man könnte dies als »Impression Management« bezeichnen.
- Der weitere Ablauf ist programmiert: Diskussionen mit der Geschäftsführung, anschließend entweder weitere differenzierte Untersuchungen oder erste Pilotversuche zur Umsetzung. Mehr oder weniger sitzen die Berater am Steuer mit Vorfahrtsrecht im Umgang mit dem internen Personal.

Diese Schilderung ist bewusst ein Klischee. Inwieweit dies Ihren eigenen Erfahrungen als Manager oder Berater entspricht, mögen Sie selbst beurteilen.

Meine Empfehlungen

Wer dieses Klischee nicht bedienen will, kann sich an folgenden Regeln orientieren:

- Beauftragen Sie nicht ein Beratungsunternehmen allgemein, sondern wählen Sie eine konkrete Person aus. Damit wird die Verantwortung für den Beratungsprozess und die angestrebte Wirkung personalisiert und hängt nicht diffus im freien Raum. Das versuchen zwar viele Beratungsunternehmen mit allen möglichen Argumenten zu vermeiden, zum Beispiel mit dem Hinweis auf die erforderliche Flexibilität zum Wohl des Kunden und daraus abgeleitet die vorteilhafte Teamarbeit im Beratungsunterneh-

men, in der sich alle engagieren. Doch wie heißt es so schön: »Viele Köche verderben den Brei.«
- Hinterfragen Sie die grundlegende Einstellung/Haltung des Beraters im Hinblick auf
  - *Orientierung am Kontext:* Von welchen generellen Rahmenbedingungen und Trends gehen Sie aus?
  - *Strukturen:* Wie ist Ihr mentales Leitmodell: feste Zuständigkeiten mit genau definierten Schnittstellen oder agile, flexible Kooperationsnetzwerke?
  - *Führung:* Wie ist Ihr mentales Leitmodell: klare Vorgaben mit stringenter Ansage und Steuerung (Führen »im« System im Rahmen der Befehlskette) oder möglichst hoher Grad an Selbstverantwortung und Selbstführung (Führen »am« System)?
  - *Kommunikation/Feedback:* Wie stehen Sie zu Opportunismus und einer an der Hierarchie ausgerichteten Loyalität gegenüber konsequentem Lernen mit- und voneinander durch klare Ansage und Rückmeldungen ohne Rücksicht auf Positionen?
  - *Prinzip der Kontinuität:* Wie wichtig ist für Sie, vom inneren Kern des Unternehmens aus die zukünftigen Räume für das Geschäft zu suchen, gegenüber dem Prinzip »schöpferische Zerstörung«, das heißt, je nach Kontext das Unternehmen und entsprechende Ordnungen neu zu erfinden?
  - *Rolle der Betroffenen:* Wie betrachten Sie die betroffenen Mitarbeiter: eher als Humankapital, das optimal eingesetzt werden und sich entsprechend rechnen muss, oder mehr als substanzielle

Träger der anstehenden Prozesse mit hoher Eigenverantwortung und Selbststeuerung?

Ohne ausreichend Gemeinsamkeiten in der Sichtweise des Auftraggebers und des Beraters oder falls sich der Berater nicht festlegen will oder sich diesen generellen Fragestellungen zu entziehen versucht, fehlt eine verlässliche Basis für die Zusammenarbeit.

- Checken Sie die Kompetenz des Beraters für Change Management sowohl in seiner Selbsteinschätzung als auch nachweisbar in seinem Vorgehen und in der Wirkung, etwa im Hinblick auf
  - ganzheitliches Denken in Kontexten und Vernetzungen,
  - Ambiguitätstoleranz,
  - Reflexionsfähigkeit,
  - Kommunikationsfähigkeit und Feedback,
  - Fähigkeiten als Ermöglicher (Enabler), Teamspieler und Trainer,
  - Beharrlichkeit (»heitere Besessenheit«).
- Beobachten Sie aufmerksam, wie gut sich der Berater in den Kontext und die spezielle Situation Ihres Unternehmens hineinversetzt und abwägt, ob und, wenn ja, was er Ihnen zu bieten hat, oder ob er sich als perfekter Allround-Problemlöser inszeniert und Ihnen nur Fertigrezepte aus früheren Erfahrungen »verkaufen« will.
- Klären Sie die Rolle und Verantwortung im Zusammenspiel von Berater und verantwortlichem Management.

Beratung ist eine Funktion auf Zeit, bezogen auf einen bestimmten Anlass und einen speziellen Bedarf. Ähnlich wie die Rolle eines Arztes beim Patienten. Sind Verantwortung und Rolle zwischen Auftraggeber und Berater nicht geklärt, können sich zwei heikle Entwicklungen ergeben:

1. Die Trennung zwischen Management und Berater ist unscharf. Der Berater übernimmt inhaltliche Verantwortung (Ownership) für bestimmte Steuerungen, die eindeutig Aufgabe des Managements wären. Dadurch schwächt er die Autorität des Managements – umso stärker, je erfolgreicher der Change-Prozess unter seiner Regie läuft.
2. Der Berater kann ungehindert sein diffuses Beratungsmandat ausdehnen, stets zusätzliche beratungsrelevante Aspekte entdecken und mehr oder weniger sich selbst beauftragen.

Ein diffuses Verhältnis ist unter anderem daran erkennbar, dass Berater und Manager zum Beispiel von sich als »Wir« sprechen und so auch nach außen, etwa gegenüber den Mitarbeitern, auftreten. »Wir« ist ein eindeutiges Signal für fehlende Rollendistanz. Doch ohne ausreichende Rollendistanz laufen Auftraggeber und Berater immer Gefahr, sich den jeweils anderen einzuverleiben – und ihn damit zu behindern, als unabhängiger Sparringspartner beziehungsweise Auftraggeber zu agieren. Verstehen Sie mich bitte nicht falsch: Auftraggeber und Berater können von mir aus sogar befreundet sein, sofern sie es schaffen, persönliche Beziehung und berufliche Zusammenarbeit voneinander zu trennen!

Die Verantwortung und Rollen zu klären bedeutet unter anderem, klare Antworten auf folgende Fragen zu finden:

- Welche Aufgabe soll konkret in welchem Rahmen, mit welcher Zielsetzung und erwarteten Wirkung, in welcher Zeit, mit welchen Mitteln und zu welchen Kosten angegangen werden?
- Wie ist die generelle und von Projekt zu Projekt gegebenenfalls unterschiedliche Rollenverteilung zwischen Berater und Management? Wer initiiert, wer treibt an, wer tritt nach »außen« auf et cetera?
- Wer ist im Unternehmen für die Steuerung des Beraters verantwortlich und damit die konkrete Verbindungsfunktion zwischen Unternehmen und Berater?
- Wer entscheidet/prüft, ob, wann und welche Mitarbeiter der verantwortliche Berater zusätzlich in das Unternehmen holt?
- Welche Art von Kommunikation soll zwischen Management und Berater stattfinden – und wie wird diese organisiert?
- Wann und wie endet das Beratungsmandat?

Die rote Linie

Es gibt meines Erachtens eine rote Linie, die unter keinen Umständen überschritten werden darf: Die Verantwortung für die Gesamtsteuerung (Ownership) muss immer für alle Betroffenen wahrnehmbar beim Unternehmen liegen. Einerseits beim Management, andererseits bei den Mitarbeitern, die in ihrer Rolle übergreifende Aufgaben übernommen und dabei gelernt haben, auch ohne den Schutz hervorgehobener hierarchischer Sonderpositionen allen, mit denen sie zu tun haben, auf gleicher Augenhöhe zu begegnen.

Berater müssen Berater bleiben – auch Führungskräften der mittleren Ebene sowie nicht leitenden Angestellten gegenüber –, fokussiert auf klar definierte Aufgaben und zeitlich beschränkt. Die Grenzen zwischen verantwortlicher Steuerung und beratender Unterstützung dürfen nicht verwischt werden. Von dieser Regel gibt es eine einzige Ausnahme: der speziell verhandelte, klar definierte und zeitlich begrenzte Einsatz von Beratern als Manager auf Zeit/Interimsmanager in spezifischen Krisen- beziehungsweise Turnaround-Situationen.

Ein Plädoyer für interne Berater

Größere Unternehmen beschäftigen häufig interne Berater. Trotzdem werden zur Begleitung und Steuerung von Change-Projekten aus unterschiedlichen Gründen oft eher Berater von außen engagiert, statt die internen Berater zu beauftragen. Ich möchte dazu aus meinen persönlichen Beobachtungen einige Anmerkungen machen.

Selbstentwertung der internen Berater

Ich habe nicht wenige Berater, vor allem Frauen, erlebt, die trotz solider fachlicher Qualifikation selbst dafür plädieren, für Change-Projekte externe Berater hinzuzuziehen. Welche Begründung finden sie dafür, wo es doch in aller Regel generell in Unternehmen (auch) darum geht, Kosten zu sparen? Ich höre immer wieder folgende Erklärungsversuche:

- »Ich muss mich dazu noch besser qualifizieren.«
- »Mir fehlt dazu noch die notwendige Erfahrung.«
- »Ich habe keinen direkten Zugang zur Geschäftsführung.«
- »Der Prophet gilt nichts im eigenen Land.«
- »Ich bin zu stark persönlich involviert.«
- »Ich traue mir das nicht zu, weil mich das (obere) Management dafür nicht ausreichend befähigt findet.«
- »Ich habe zu viele andere (operative) Aufgaben.«

Und so beschränken sich viele interne Berater darauf, den externen Beratern den notwendigen organisatorischen Rahmen zu gewährleisten beziehungsweise ihnen den roten Teppich auszurollen.

Selbstüberschätzung der internen Berater

Andererseits haben sich in einigen Unternehmen Mitarbeiter aus dem Personalbereich nach dem Modell des Amerikaners Dave Ulrich dem Management als strategische Businesspartner zugeordnet oder zuordnen lassen. Dieses Businesspartner-Modell steht zwar häufig auf dem Papier, spielt aber nach meiner Beobachtung aus unterschiedlichen Gründen in der Praxis eine eher geringe Rolle. Linienmanager lassen sich nicht gerne in ihr Geschäft reinreden, umso weniger, wenn die fachliche Kompetenz des zugeteilten Partners nicht so überzeugt, dass man auf Augenhöhe agieren könnte.

Impulse setzen und Nachhaltigkeit sichern

Unternehmen benötigen regelmäßig neue Impulse. Oberflächlich betrachtet scheint das zunächst nicht besonders schwierig zu sein. Impulse kann man setzen über Vorträge, ausgefeilte Folien, Trainings (in- und outdoor), Innovationsprojekte, Erweckungskampagnen aller Art, angereichert mit mehr oder weniger originellen oder simplen Gimmicks und anderem Schnickschnack. Die Kernfrage lautet demnach nicht, welche Impulse gesetzt werden sollen, sondern was diese Impulse bewirken sollen. Genau hier liegt das Problem oder – in zeitgemäßer Managementsprache formuliert – »die eigentliche Herausforderung«. Es gibt massenweise Berater und Marketingagenturen, die anbieten, Impulse zu setzen. Wer allerdings nachhaltige Wirkung erzielen will, muss vorab einiges klären: die Zielsetzung, das Kräftefeld der Interessen, die Adressaten des Impulses und die angestrebte Wirkung, die Infrastruktur, wie die Zielsetzung erreicht, gegebenenfalls begleitet und gesteuert werden soll.

Hier können interne Berater eine entscheidende Rolle spielen, denn sie kennen das Unternehmen, die ungeschriebenen Gesetze und die informelle Unterwelt besser als jeder externe Berater – und manchmal sogar besser als das obere Management, wenn es zu wenig persönlichen Kontakt zur Basis hat. Mit dem Vertrauen des Managements können sie diesen Prozess der Anwendungssicherung und in diesem Rahmen gegebenenfalls zusätzlich engagierte spezielle externe Berater gezielt steuern, statt sich von den Externen steuern oder lediglich als organisatorische Hilfskraft beschäftigen zu lassen. Darüber hinaus können interne Berater einen Beitrag dazu leisten, parallel laufende interne Projekte der Fachberatung stärker mit den Change-Themen zu verknüpfen.

Kunde-Berater-Beziehung: ein komplexes interdependentes Modell

Die Beziehung zwischen Kunde und Berater ist aus unterschiedlichen Gründen und in mehrfacher Hinsicht komplex. Diese Komplexität wird erst erkennbar, wenn irgendetwas nicht so funktioniert, wie man sich das vorgestellt oder erwartet hat. Ähnlich wie in einer privaten Beziehung. Wenn die Not drängt oder die Attraktivität des anderen wie ein Sog wirkt, werden Bündnisse geschlossen, ohne groß zu überlegen. Das kann eine Zeit lang gutgehen. Doch wenn sich die Rahmenbedingungen ändern – die Not lässt nach oder wird deutlich stärker, die Brille verliert ihre rosarote Färbung und die Sicht wird nüchtern scharf, Alternativen kommen ins Spiel –, dann gerät die Beziehung unter Druck. Bei den einen bricht die Beziehung genauso schnell auseinander, wie sie eingegangen wurde. Anderen gelingt es, in der Krise nachzuholen, was am Anfang auf beiden Seiten versäumt wurde:

- Sich die eigenen Beweggründe bewusst machen, die dazu führen, eine derartige Beziehung einzugehen.
- Die Beweggründe des anderen einigermaßen durchleuchten und verstehen, was seine Attraktivität ausmacht.
- Die Elemente identifizieren, welche die Verbindung bewirken und die durch ihre spezielle Art die Beziehung festigen, manipulieren oder auch gefährden können.

Wenn Sie Ihre Kunde-Berater-Beziehung eingehender überprüfen wollen, um mögliche Schwachstellen und Ungereimtheiten frühzeitig zu erkennen, können Sie in einem ersten Schritt die jeweilige Verfassung der Beziehungspartner, also des Kunden (Auftraggeber) und des Beraters, in vier Feldern erkunden:

1. Was wird offen dargelegt und verhandelt?
2. In welchem aktuellen Kontext, der eventuell eine

Rolle spielt, aber nicht vollständig offengelegt wird, befinden sich die Beziehungspartner jeweils?
3. Welche Emotionen sind im Spiel – mehr oder weniger hinter den Kulissen?
4. Welches waren am Anfang die Beweggründe, Kontakt aufzunehmen?

Die Kernfrage hierbei lautet: Wie passt das alles im Hinblick auf eine erfolgversprechende Kooperation zusammen?

Im Laufe der Zeit kann und wird es wahrscheinlich immer noch ausreichend Überraschungen auf beiden Seiten geben. Aber eine gute Reflexion schafft die Voraussetzungen, auf bestimmte Aspekte von vornherein sorgfältiger zu achten.

Kapitel 9

AUSGEWÄHLTE CHANGE-WERKZEUGE

Die Kunst der Visualisierung

Projekte werden häufig wortreich beschrieben und reichhaltig mit Zahlen unterfüttert und legitimiert. In diesem Zusammenhang gibt es eine Vielzahl von Werkzeugen, die durchaus eine wichtige Rolle spielen können, wie etwa die SWOT-Analyse für die strategische Planung, welche die Stärken, Schwächen, Chancen und Bedrohungen eines geplanten Projekts verdeutlichen soll. Eine staubtrockene Buchstaben- und Zahlenwüste mag zwar dem Hirn Futter bieten, doch wer Menschen bewegen will, muss an ihre Emotionen herankommen – und das geht sehr gut über Bilder. Nicht von ungefähr heißt es: »Ein Bild sagt mehr als tausend Worte.«

Stellen Sie sich vor, Sie gehen in ein Modegeschäft auf der Suche nach passender Kleidung. Auf der einen Seite mag die Menge der ausgestellten Ware Sie beeindrucken, fast erschlagen. Eventuell verlocken auch raffiniert gestaltete und gut platzierte Preisschilder mit dem Anreiz, gerade an diesem Tag ein Schnäppchen machen zu können. Doch vor allem erweckt eine Modepuppe ihre Aufmerksamkeit, die exakt das trägt, wonach Sie suchen. Das Ganze noch angereichert mit passenden Bildern oder Filmen, die auf Bildschirmen oder an der Wand im permanenten Fluss visuelle Eindrücke vermitteln. In der Modebranche gilt schon lange das sogenannte Visual Merchandising als eine der erfolgreichsten Methoden, um Kunden zum Kauf zu verführen.

Ich möchte die rationalen Analysen nicht total abwerten, aber deutlich relativieren und ergänzen. Analog zum Visual Merchandising geht es im Rahmen von Change-Projekten darum, die Information so zu gestalten, dass zwei Seiten mit ihren unterschiedlichen Interessen zufriedengestellt werden: der verantwortliche Change Manager, sozusagen der Verkäufer, der die betroffenen Menschen dazu bewegen will, eine geplante Veränderung zu verstehen, zu akzeptieren und mitzugestalten, und die Betroffenen, sozusagen die Käufer, die in ihrer Welt, das heißt in ihrer Denke, ihrer Befindlichkeit und in ihrer Sprache, abgeholt werden müssen.

Schriftliche Visualisierung

Bei Besprechungen in Gruppen werden Teilnehmer häufig zugeschüttet mit einem Übermaß an (PowerPoint-)Präsentationen oder weitschweifigen mündlichen Erläuterungen – oder im schlimmsten Fall beides parallel. Der Redner will vielleicht einen bleibenden Eindruck hinterlassen und so wird nicht selten die Anzahl der Folien oder die Länge des Vortrags zum Wertmaßstab. Vorausgesetzt, es geht nicht darum, mit der Fülle der Daten die Teilnehmer gezielt zu verwirren, liegt die Lösung auf der Hand: Je komplexer die Themenstellung, umso wichtiger ist es, die Schwerpunkte nicht nur mündlich hervorzuheben, sondern in geeigneter Form sichtbar zu machen, zu visualisieren.

Wozu dient Visualisierung?

- *Bewältigung von Komplexität durch bildhafte Darstellung:* Bildhafte Darstellungen ermöglichen, komplexe Zusammenhänge rascher und klarer verständlich zu machen als auf dem Wege ausschweifender verbaler Erklärungen.
- *Zwischenergebnisse sichtbar festhalten:* Damit der Arbeitsprozess in einer Gruppe oder einem Gremium zielorientiert und effizient gestaltet werden kann, ist es hilfreich, jeweils erreichte Zwischenergebnisse festzuhalten und damit allen Teilnehmern einen Überblick zu verschaffen.
- *Entscheidungsprotokoll:* Die Ergebnisse der Diskussion werden für alle sichtbar dokumentiert. Anhand dieser Zusammenfassung werden letzte Korrekturen ermöglicht.

Worauf kommt es bei der Visualisierung an?

- *Konzentration auf das Wesentliche:* nur die wichtigsten Punkte beziehungsweise Aspekte festhalten.
- *Prägnanz:* Stichworte im Telegrammstil – keine Prosa.
- *Lesbarkeit:* große und deutliche, überall im Raum lesbare Schrift.
- *Für gemeinsame Bearbeitung geeignete Form:* Möglichkeit zum Strukturieren und Umstrukturieren – auseinandernehmen, anders zusammenfügen, Teile wegnehmen, Teile ergänzen.

Einsetzbare Medien

- *Flipchart:* unverzichtbar als »Notizblock« des Plenums oder einer Kleingruppe für stichwortartige Diskussionsprotokolle, Checklisten, Ergebnisprotokolle.
- *Tragbare und frei aufstellbare Pinnwände:* Für die gemeinsame Bearbeitung komplexer Themen zum Sammeln und Strukturieren von Daten mittels Karten; ideal für großflächige bildhafte Darstellungen, wie etwa Organigramme, Netzwerke, Matrizes, komplexe Diagramme et cetera.
- *Computergesteuerte Visualisierungsprogramme:* Große Bildschirme, Leinwände, Whiteboards oder Touch Displays und entsprechende technische Kompetenz können ebenso geeignet sein, diese Funktion zu erfüllen.

Bilder und Collagen

Hidden Agenda und Modelle des Erkundens

Bestimmte Themen sind nicht von ungefähr unterhalb der Wasserlinie angesiedelt. Sie scheuen das Tageslicht und werden deshalb nicht von selbst auftauchen und sich nicht ohne Weiteres nach oben ziehen lassen – auch nicht im Rahmen einer einladenden offenen Kommunikation. Doch werden diese Themen gemieden, eine Auseinandersetzung mit ihnen blockiert, kann sich das gravierend auf das Geschehen an der Oberfläche auswirken. Solche unterschwelligen Themen rechtzeitig zu erkennen und ans Licht zu bringen ist der Schlüssel, um die Motive und Gefühle, die bei vielen scheinbar rein sachlichen Auseinandersetzungen eine entscheidende Rolle spielen, zu verstehen und ihnen in der Diskussion den notwendigen Raum zu verschaffen.

Die Leitfragen lauten hier: Was ist eigentlich los? Welche verdeckten Themen (Hidden Agendas) überlagern die offiziell verhandelten Themen – und wie wirkt sich diese Überlagerung auf das Change-Projekt aus? Die große Herausforderung besteht darin, die wesentlichen Aspekte, die unter den Teppich gekehrt werden, sichtbar und damit auch diskutierbar zu machen.

Bitten Sie zum Beispiel eine Gruppe oder auch einzelne Personen, ein »Bild ohne Worte« über sich selbst oder über eine bestimmte Situation zu malen oder eine Collage zu erstellen. Dieser Auftrag löst in aller Regel zunächst eine gewisse Irritation aus, die mit Sachargumenten verschleiert wird: »Ich konnte noch nie malen.« Doch die gewohnten Verfahren, über Sprache Inhalte zu verschleiern, aufzubauschen, zu verharmlosen oder zu verallgemeinern, werden durch das andere Medium unterlaufen.

Wird etwa eine Projektgruppe gebeten, zum Einstieg ein Bild über die Chancen des Projekts und/oder über ihre vermutliche Zusammenarbeit zu malen, so ergeben sich daraus bereits zu Beginn eine Fülle von (oft unbeabsichtigten) Informationen über die Einschätzung der Ausgangssituation, das Gruppenklima, die Beziehungen untereinander und entscheidende Baustellen bei der Zusammenarbeit oder im Projekt.

Die Kunst besteht darin, die richtigen Fragen zu formulieren: Sie sollten möglichst exakt auf Bereiche zugeschnitten sein, bei denen Sie aufgrund Ihrer Voruntersuchung vermuten, dass Emotionen bewusst oder unbewusst unterbunden werden. Das können eher sachliche Bereiche sein, wie etwa die Identifikation mit der Unternehmensstrategie, die Struktur und Aufgabenverteilung, die zeitliche Verfügbarkeit, Fragen des Führungsstils von Vorgesetzten oder Kollegen, Fragen der Kooperation und der Kommunikation, aber auch eher emotionale Fragen der Motivation, des Engagements oder der Offenheit und Ehrlichkeit in einer Veranstaltung, die speziell dazu dienen soll, sich offen über alles auszutauschen.

Der Erkenntnisgewinn aus Bildern kann über zwei Wege potenziert werden:

1. Egal wie groß die Gruppe ist, unterteilen Sie sie für diese Aufgabenstellung. So erhalten Sie mehrere Darstellungen zum gleichen Thema aus unterschiedlichen Perspektiven.
2. Bevor Sie die Urheber eines Bildes ihr Werk selbst erläutern lassen, laden Sie erst einmal diejenigen ein, die nicht daran beteiligt waren, in freier Assoziation ihre Vermutungen zu äußern, was die Produzenten wohl darstellen wollten. So fällt oftmals die letzte Hemmschwelle, alles zu benennen, was im Zusammenhang mit dem anstehenden Thema in der eigenen Ansicht eine Rolle spielen könnte. Denn man ist schließlich nicht selbst der Urheber des Bildes, kann sich also völlig frei dazu äußern.

Nicht selten versuchen diejenigen, die das Bild oder die Collage erstellt haben, die Erkenntnisse oder Interpretationen aus den Bildern auf der Sachebene mit angeblichem zeichnerischem Unvermögen oder unzulänglichen Hilfsmitteln zu erklären und von der Hand zu weisen. Aber sie sind vorhanden und man kann immer wieder darauf Bezug nehmen.

Auch im Rahmen einer Zwischenbilanz sind derartige Bilder gut geeignet, die Selbstreflexion einer Gruppe anzustoßen. Die Frage, welche Gruppendynamiken in der Projektgruppe spürbar sind und wie zufrieden die Teilnehmer mit der Rolle sind, die sie bislang darin spielen, gibt zum Beispiel Auskunft über persönliche Befindlichkeiten sowie die

Akzeptanz des bisherigen Vorgehens. Dieses Wissen wiederum ermöglicht gegebenenfalls notwendige Korrekturmaßnahmen.

Das Strategiehaus

In Kapitel 3 ging es darum, dass wir den Herausforderungen des neuen Kontexts nicht mit der alten Ordnung und den alten Spielregeln begegnen können. In diesem Rahmen habe ich unter anderem kurz skizziert, welche Bedeutung ein Zielbild haben kann – in Abgrenzung zu einem normativ formulierten Leitbild.

Das Spezielle beim Strategiehaus liegt allerdings darin, die Beschreibung der inhaltlich-sachlichen Aspekte, wie zum Beispiel Zielvorstellung, Leistungsbereiche und übergreifende und/oder grundlegende Leistungen und/oder Werte, durch zwei Aspekte zu ergänzen und dadurch einen (auch emotionalen) Rahmen zu schaffen:

1. Der relevante äußere Kontext, in dem sich das Unternehmen oder das Projekt bewegt und bewähren muss, sowohl im Hinblick auf die positiven wie auch auf die bedrohlichen Kräfte
2. Der innere Kontext, also die Unterwelt mit ihren Hypotheken, die immer vorhanden ist und mehr oder weniger erkennbar die Entwicklung eines Change-Projekts beeinflusst

Beide Umgebungen, sowohl der äußere Kontext wie auch die Unterwelt, sind regelmäßig zu prüfen im Hinblick auf Veränderungen und die Konsequenzen, die sich daraus auf fördernde oder hemmende Kräfte

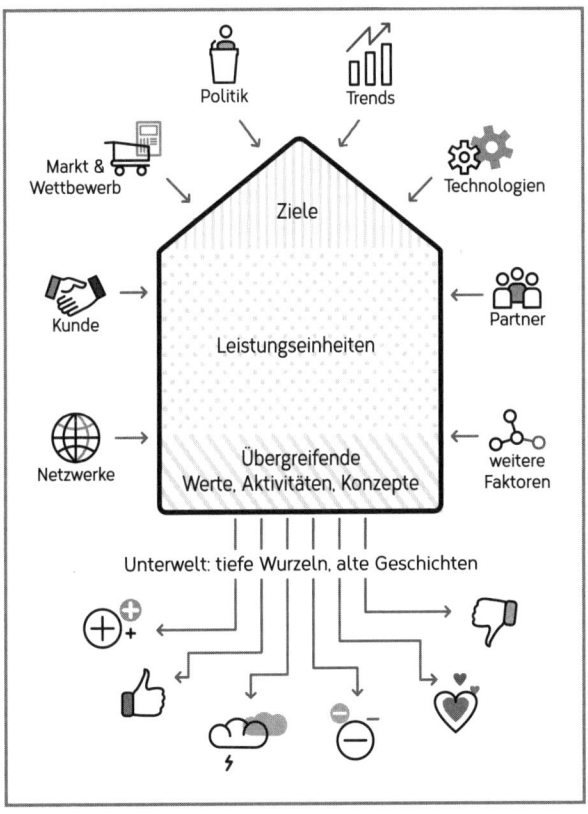

Abbildung 11: Strategiehaus, *Illustration: Suess Design / Daniel Huber*

ergeben. Diese spezielle Form eines Strategiehauses ist also kein starres Gebilde, das wie ein Leuchtturm stabil, etabliert und verlässlich hilft, die Position zu bestimmen, sondern ein dynamisches Zielbild, das wie ein beweglicher Kompass flexibel hilft, sich am jeweiligen Umfeld zu orientieren.

Emotionale Wetterkarte

Jedem Piloten liegt üblicherweise vor dem Start ein exakter Flugplan mit Angaben zum Zielflughafen, zur Beladung, zum Treibstoff-Füllstand sowie zur vorgesehenen Flugroute vor – und immer auch etwas, das nicht so exakt beschrieben werden kann: der aktuelle Wetterbericht mit Prognosen über mögliche Entwicklungen. Einmal in der Luft, muss der Pilot die Wetterlage für die gesamte Flugstrecke laufend überprüfen und gegebenenfalls lebenswichtige Entscheidungen treffen: Soll er auf der vorgesehenen Route bleiben? Oder besser eine andere Route wählen? Oder zum Ausgangsflughafen zurückkehren? Muss er eventuell notlanden – und wenn ja, wo?

In Analogie dazu dient eine emotionale Wetterkarte für das geplante Veränderungsvorhaben. Es gibt keinen neutralen Nullpunkt zum Start einer Veränderung. Ebenso wenig gibt es eine rein objektive Sachlage. Bei jedem anspruchsvollen Change-Projekt sind Interessen im Spiel, die teilweise auch emotional verankert oder getrieben sind. Zwei emotionale Welten sind vor allem zu berücksichtigen: die des Auftraggebers und die der Betroffenen. Dabei stellen sich folgende Fragen:

- *Emotionale Welt des Auftraggebers:* Was bewegt den Auftraggeber, dieses Change-Projekt überhaupt in Angriff zu nehmen? Welche Bedeutung hat es für ihn? Wie viel hängt für ihn davon ab, ob es gelingt? Welche Risiken sind für ihn damit verbunden? Wie stark ist er in seinem machtpolitischen Umfeld oder steht er selbst unter Druck? Was erwartet er von denjenigen, die diesen Auftrag ausführen sollen? Wie viel Vertrauen hat er, dass das Ganze gelingt?
- *Emotionale Welt der Betroffenen:* Diese Welt kann sehr vielfältig, unterschiedlich und zum Teil widersprüchlich sein.

An diese emotionalen Welten heranzukommen ist nicht immer leicht, aber es ist durchaus möglich, Menschen dazu zu bewegen, ihre Emotionen im Zusammenhang mit einem geplanten Change-Projekt offen zu äußern. Es geht um Fragen, die im Grunde auf der Hand liegen: Wie geht es Ihnen mit diesem Auftrag? Was halten Sie von der geplanten Veränderung? Glauben Sie an den Erfolg?

Die emotionale Wetterkarte kann beispielsweise folgende Aspekte beinhalten:

- Welche Interessen sind im Spiel?
- Welches sind die unterschiedlichen Befindlichkeiten der verschiedenen Stakeholder?

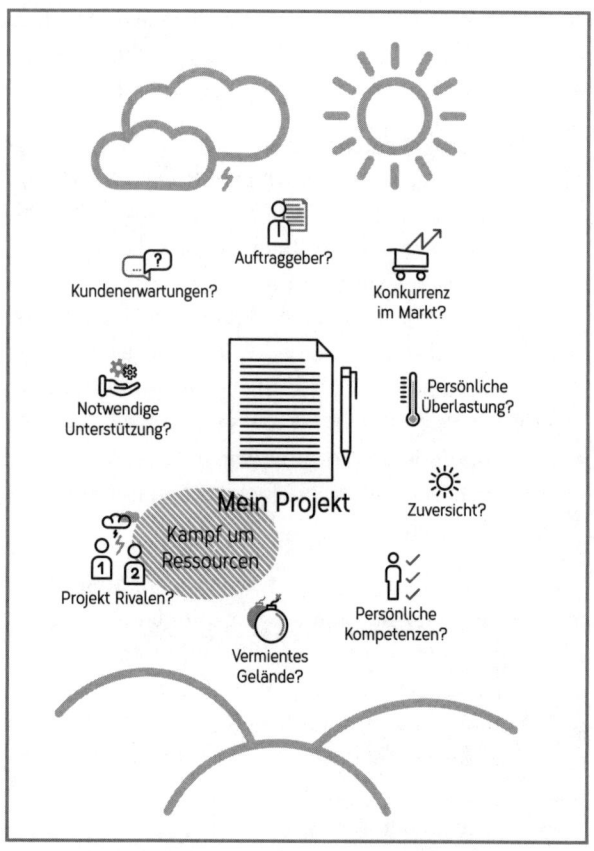

Abbildung 12: Emotionale Wetterkarte, *Illustration: Suess Design / Daniel Huber*

- Welche Befindlichkeiten liegen offen zutage?
- Wo lassen Symptome bestimmte Befindlichkeiten vermuten?

- Welche Interessen und Einflussgrößen fördern das Vorhaben, welche behindern es?
- Welche Emotionen können zum Antrieb mobilisiert werden?
- Welche Emotionen können eventuell durch geeignete Maßnahmen entschärft werden?

Emotionale Wetterkarten sind wie das Wetter selbst keine stabilen Größen. Sie dienen dazu, sich und den relevanten Beteiligten einen aktuellen Überblick über den Stand der Dinge zu verschaffen.

Kraftfeldanalyse nach Lewin

In Anlehnung an die Kraftfeldanalyse des Gestaltpsychologen Kurt Lewin lässt sich ebenfalls ein Bild erstellen, das die treibenden und hemmenden Kräfte in einem Change-Projekt aufzeigt. Dieses Bild kann Ihnen helfen, eine Strategie zu entwickeln, um den aktuellen Status der Kräftefelder gezielt zu beeinflussen. Wenn man den Anregungen von Lewin folgt, kann die Veränderung einer Situation auf drei Mechanismen beruhen:

1. Man kann die verändernden Kräfte verstärken.
2. Man kann die rückhaltenden Kräfte abschwächen.
3. Man kann die neutralen Kräfte aus der Deckung holen.

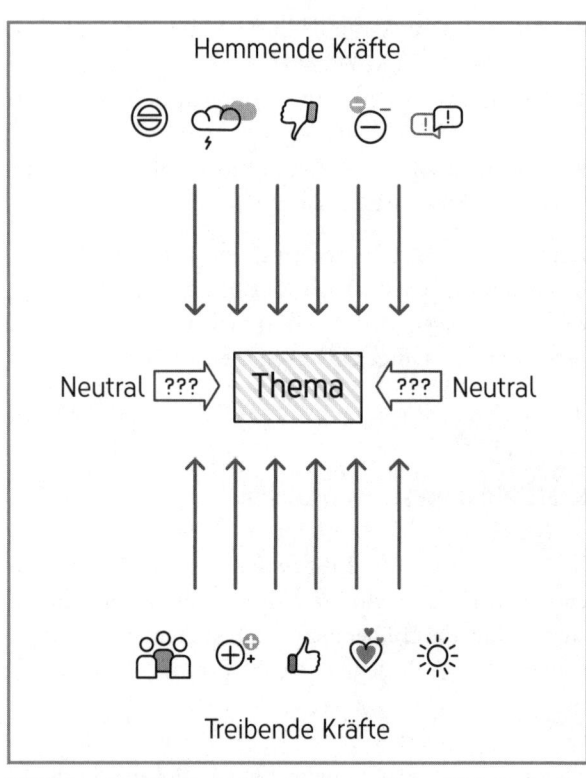

Abbildung 13: Kräftefeld nach Lewin, *Illustration: Suess Design/Daniel Huber*

Zweierlei ist allerdings im Hinblick auf die Praxistauglichkeit einer solchen Darstellung der Kräftefelder entscheidend: Zum einen muss sie fester Bestandteil jeder Projektpräsentation sein und zumindest für den engeren Kreis des Projektteams sowie die Entscheider den Handlungsrahmen abstecken. Zum anderen muss sie fortwährend überprüft und aktualisiert werden. Denn Emotionen sind komplex und wechselhaft.

Es kann für die Projektgruppe zum Beispiel äußerst aufschlussreich sein, den jeweiligen Status aus der Kraftfeldanalyse und der Projekt-»Unterwelt« immer wieder aktualisiert in einer Lagebeschreibung des Projekts als Topografie bildlich darzustellen. In diesem Bild sollten deutlich werden: Vernetzungen mit anderen Themen und Projekten; projektrelevante Umwelten und Rahmenbedingungen; offene und verdeckte, fördernde und hemmende Faktoren, Personen und Gruppen sowie die daraus abzuleitenden kurz-, mittel- und längerfristigen Chancen und Gefahren für das Change-Projekt – und wie sich dies alles im Laufe des Prozesses ändert.

Die Change Story

Die Emotionen der Beteiligten und Betroffenen spielen in Change-Prozessen eine entscheidende Rolle. Sie sind die Energieträger des Prozesses – in Form von Antriebs- oder Bremsenergie. Eine passende Story kann gute Dienste leisten, die rationale Ausrichtung eines Veränderungsprozesses und die emotionalen Begleiterscheinungen miteinander zu verknüpfen.

Menschen hören, erfinden und erzählen gerne Geschichten. Eine Geschichte kann die aktuelle oder zu erwartende emotionale Lage, wie etwa Irritation, Unsicherheit, Empörung, Enttäuschung, Angst und Ärger, aber auch die Lust am Verändern und Gestalten aufgreifen und auf die geplante Veränderung zuschneiden. Doch wie anfangen? Manche Unternehmer oder Change Manager starten ihre Story mit einer vielversprechenden Aussicht auf zukünftige Gewinne. Sie wollen die Menschen in Bewegung bringen, indem sie ihnen ein attraktives Ziel oder eine verlockende Vision vor Augen führen. Sie wollen ein positives Klima schaffen, damit die Betroffenen sich sozusagen aus eigenem inneren Antrieb engagieren. Dieser Ansatz kann durchaus funktionieren – vorausgesetzt, es handelt sich bei der Story nicht um ein Märchen, sondern sie ist nachprüfbar beziehungsweise liegt trotz generell unsicheren Zeiten durchaus im Bereich des Möglichen.

Nun belegen stabile Erkenntnisse aus der Verhaltensforschung jedoch, dass Menschen Verluste mehr fürchten, als sie Gewinne begrüßen. Daher ist es im Rahmen von Change-Projekten empfehlenswert, als Erstes zu schildern, welche bestehenden Vorteile verloren gehen, wenn der Status quo beibehalten, also keine Veränderung herbeigeführt wird. Oder man beschreibt, welche Verluste durch die geplante Veränderung vermieden oder minimiert werden. Dieses Vorgehen entspricht den generellen Erfahrungen aus Change-Prozessen: Grundvoraussetzung dafür, dass Menschen bereit sind, sich mit Veränderungen auseinanderzusetzen und sich auf sie einzulassen, ist ein ausreichendes Maß an Problembewusstsein – insgesamt eine Mischung aus rationalen Erkenntnissen und emotionalem Empfinden. Dies ist sozusagen der Startschuss.

Um aber Menschen nicht nur durch einen Schuss kurzfristig aufzuschrecken, sondern dazu zu bewegen, eine längere Reise in ein unbekanntes Land anzutreten, reichen ein umformulierter Businessplan und ein entsprechendes Zahlengerüst nicht aus. Es geht vielmehr darum, ein Verständnis vom tieferen Sinn des angestrebten Ziels und seiner Perspektive zu vermitteln; aufzuzeigen, was zurückgelassen oder zerstört werden muss; erste Anhaltspunkte zu bieten, wie der Weg zum Ziel verlaufen soll, und dadurch Energien zu wecken, die diesen notwendigen Change-Prozess vorantreiben können.

Drei Phasen sollten in Ihrer Change Story deutlich werden: Ausgangssituation, Zwischensituation und Zielbild (siehe Strategiehaus).[21] Für den ersten Schritt ist entscheidend, nicht das gelobte Land in den Vordergrund zu stellen, sondern den drohenden Verlust. Achten Sie darauf, dabei nicht einseitig mit Angst und Furcht oder mit Hoffnung und Zuversicht zu arbeiten, sondern mit einer gesunden Mischung. Damit eine Change Story als Vehikel für die wesentlichen Botschaften dienen kann, sollte sie an bekanntem, emotional erlebtem Vergangenen anknüpfen (im eigenen Unternehmen oder außerhalb), Erwartungen und Wege für die relevante Zukunft ausleuchten und ein bildhaft-emotionales Verstehen ermöglichen.

Für den Aufbau eines angemessenen Spannungsbogens können zum Beispiel unternehmenshistorische positive und/oder negative Entwicklungen mit prägenden Personen oder typische emotionale Ereignisse aus dem eigenen oder anderen Unternehmen, die für die eigene Entwicklung von Bedeutung sind, geeignet sein.

Die meisten Veränderungen verlangen von den Betroffenen, sich von ihrem bisherigen Bild der Situation und dem damit verbundenen historischen Rahmen zu verabschieden. Es geht jetzt darum, sich mit dem neuen Kontext vertraut zu machen und in diesem neuen Rahmen ein neues Bild zu entwickeln. Dazu kann es hilfreich sein, sich an den bekannten Bildern aus der sozialpsychologischen Forschung zu orientieren, die aufzeigen, wie stark das jeweilige Umfeld und die (voreingenommene) Perspektive unsere Wahrnehmung beeinflussen.

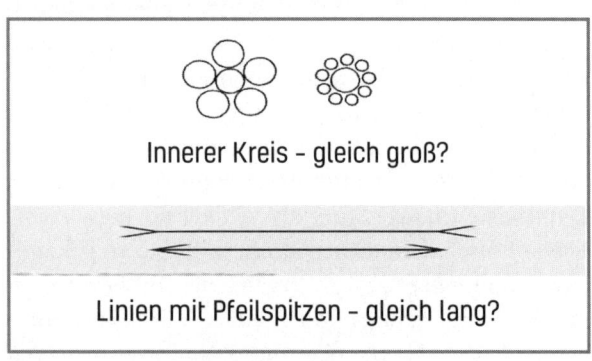

Abbildung 14: Optische Täuschungen

Projektbeschreibung

Projekte oder Projektvorhaben können sehr unterschiedlich dargestellt werden: differenziert wissenschaftlich und wirtschaftlich ausgearbeitet oder mit wenigen Stichworten grafisch skizziert, die mündlich wortreich erläutert werden (müssen). Das eine ist für den Einstieg vielleicht zu viel, das andere eventuell zu wenig. Zu viel, weil die Zuhörer in Details ertrinken. Zu wenig, weil wesentliche Aspekte, Zusammenhänge und Hintergründe nicht in einen vorgegebenen Gesamtrahmen eingeordnet werden können. Die Konsequenz: Jeder schafft sich seinen eigenen Rahmen und setzt damit auch seine eigenen Schwerpunkte. Von Einstein soll der Ausspruch stammen: »Every system should be as simple as possible – but not simpler.« (»Alles sollte so einfach wie möglich gemacht werden, aber nicht einfacher.«)

Ich schlage einen verbindlichen Gesamtrahmen vor, der zwei Funktionen erfüllt: Zum einen können in einer ersten Vorstellung und Diskussion die einzelnen Aspekte besser eingeordnet werden. Damit wird klar, was gegebenenfalls erkundet oder geklärt werden muss, um das Change-Vorhaben entscheidungsreif zu machen. Zum anderen dient der Gesamtrahmen dazu, dass die Beteiligten bei der weiteren Entwicklung oder Umsetzung des Projektes auch Veränderungen im Kontext und bei den Interessen im Spiel genau verfolgen, anhand der Beobachtungen rechtzeitig das Vorgehen oder bestimmte Aspekte oder gar die Zielsetzung den neuen Erkenntnissen anpassen, sich nicht in Details verlieren, sondern fortwährend ganzheitlich alle relevanten Zusammenhänge im Auge behalten und berücksichtigen.

Projektskizze zum Einstieg

1. Thema/Titel des Projekts
2. Auftraggeber und Erwartungen
   - Warum überhaupt ein Change-Projekt?
   - Zielsetzung und angestrebte Wirkung
   - Rahmenbedingungen (organisatorisch, finanziell, zeitlich usw.)
   - Was soll am Ende anders sein als vorher?
3. Analyse des Status quo
   - Warum ist die aktuelle Situation so wie sie ist – und wer ist daran interessiert, dass es auch so bleibt? Welche Interessen sind im Spiel, den Status quo zu erhalten?
   - Welche Reaktionen sind zu erwarten, wenn die angestrebte Veränderung durchgeführt wird?
   - Welche Rolle spielen Auftraggeber und (Sie selbst als) Change Manager oder/und Projektleiter im Status quo?
   - Intern Betroffene und ihre Interessen (Kräftefeld) im Hinblick auf die geplante Veränderung
     – treibende Kräfte
     – hemmende Kräfte

- neutrale Kräfte mit positivem Potenzial
- neutrale Kräfte mit potenziellem Sprengstoff (siehe »Kräftefeld der Interessen«)

4. Relevanter (äußerer) Kontext als Anlass für das Change-Projekt (politisch, gesellschaftlich, wirtschaftlich, technologisch, Markt/Wettbewerb, Kunden, Image des Unternehmens usw.)
   - Was kann passieren, wenn die Veränderung nicht gelingt?
5. Eigene Rolle
   - Change Manager? Berater, Coach, Prozessbegleiter? Projektleiter?
   - Verantwortung für Ergebnis? Verantwortlich für das Vorgehen?
   - Verbindung mit dem Auftraggeber?
6. Konkretes Vorgehen
   - Projektarchitektur entscheiden: Projektleitung? Projektgruppe? Steuergruppe mit Teilgruppen?
   - Entscheider beziehungsweise Entscheidungsgremium für das Projekt festlegen, gegebenenfalls Lenkungsausschuss etablieren
   - Aufgaben und Verantwortung der Beteiligten (Personen, Rollen, Gruppen) definieren
   - Ziele des Projekts festlegen mit Messgrößen, woran die Zielerreichung quantitativ und qualitativ beurteilt und gemessen wird
   - Betroffene beteiligen: Wen, wie, wann?
   - Zeitrahmen abstecken
   - Zeit für Zwischenbilanzen, Teamentwicklung und Teampflege des Projektteams berücksichtigen

7. Kommunikation
   - im Rahmen der Projektorganisation
   - im Hinblick auf die Betroffenen
   - Kommunikationsformen je nach Zielgruppe klären: persönlich, Veranstaltungen/Meetings, Medien (Intranet, E-Mail, Soziale Medien, Mitarbeiterzeitschrift, Aushänge, usw.)
   - Häufigkeit und Detailierungsgrad der Kommunikation festlegen gegebenenfalls externes Projektmarketing,
   - Laufende Statusberichtserstattung durch Ampel und/oder Grad der Zielerreichung anhand definierter zwischenzeitlicher Messgrößen.
8. Offene Fragen/zu klärende Punkte

Im Rahmen längerfristiger Change-Projekte sind regelmäßige Zwischenberichte über den Verlauf und den jeweiligen Status erforderlich. Doch allzu oft dreht sich dabei alles ausschließlich um Zahlen, Daten, Fakten oder man verliert sich in Einzelheiten. Beides kann vermieden werden durch ein fokussiertes »Resümee vorab«, das viele Detaildiskussionen überflüssig macht, sowie die Einbeziehung des Umfelds und des aktuellen Kräftefelds der Interessen im Vergleich zur Situation beim Start. Letzteres macht den Gesamtrahmen noch einmal allen Beteiligten bewusst und verhindert, dass man sich in der Zahlenwüste verliert.

Regelmäßige mehrdimensionale Statusberichte

1. Resümee vorab
   - Wie gut ist das Change-Projekt insgesamt unterwegs im Verhältnis zum geschätzten zeitlichen und sonstigen Aufwand?
   - Wie ist es um die Haltung und Stimmung der Betroffenen zum Projekt und der Mitarbeiter im Projekt bestellt?
   - Gibt es neue Erkenntnisse im Umfeld, die relevant sind für das weitere Vorgehen?
2. Detaillierte Konkretisierung auf Basis der Projektskizze
   - Ursprünglicher Anlass: Gibt es hier grundlegende Veränderungen?
   - Äußerer Kontext: Gibt es Veränderungen im Hinblick auf den Ausgangszustand?
3. Ziele (Wirkungsgrößen/KPI) des Projekts: Gibt es Veränderungen zur anfänglichen Planung?
4. Gibt es relevante Veränderungen im Projektmanagement?
   - Konzept
   - Vernetzung mit anderen Projekten im Haus
   - Ownership (Verantwortung)
   - Beteiligung der Betroffenen
   - Ressourcen
   - Kräftefeld der Interessen:
     - in der Projektgruppe
     - in tangierten Bereichen
   - Status der Transformation

- Befinden/Energie von Projektleiter und Projektmitarbeitern
5. Image/Akzeptanz des Projekts
    - im Unternehmen,
    - im Markt/beim Kunden ...
6. Generelle Vorausschau im Hinblick auf
    - Entwicklung der relevanten Kontexte,
    - Projektmanagement,
    - Image/Akzeptanz.
7. Nächste konkrete Schritte

Die Kunst der Gestaltung von Workshops

Immer wieder wird es Anlass geben, spezielle Themen außerhalb der üblichen Kommunikationsroutine in einer mehrstündigen oder auch mehrtägigen Klausur zu bearbeiten. Der Begriff »Workshop« hat sich eingebürgert für eine Veranstaltung, in der eine überschaubare Gruppe von Personen – ein Führungskreis, ein Projektteam, ein Fachausschuss – ein konkretes Thema bearbeitet, dessen Komplexität den Rahmen einer normalen Besprechung sprengen würde. Workshops sind Schlüsselveranstaltungen im Rahmen mittel- und längerfristiger Entwicklungs- und Veränderungsprozesse, in denen gemeinsam ein Konzept erarbeitet beziehungsweise ein wichtiger Arbeitsschritt umsetzungsreif geplant wird und/oder in dem das Zusammenspiel im Team unter die Lupe genommen wird. Je heikler das Thema, umso stärker spielen Emotionen eine Rolle. Unterschiedliche Interessen sind im Spiel, also geht es auch um Einfluss, Macht, Vertrauen, Neid, Rivalitäten oder Allianzen. Solche Klausuren beziehungsweise Workshops können dann nachhaltig erfolgreich sein, wenn sowohl die sachlich-fachlichen als auch die psychologischen, also emotionalen Aspekte auf den Tisch kommen und offen diskutiert werden.

Häufige Unzulänglichkeiten

Versachlichung: Ein scheinbar harmloses Sachthema kann überraschende Tücken in sich bergen. Erst bei genauerer Diskussion und dem entsprechenden Grad von Offenheit entdeckt man, was sich tatsächlich dahinter verbirgt. Manche Verspannungen in Sachfragen oder im Beziehungsgefüge mit alten Rivalitäten werden erst in einer Atmosphäre diskutierbar und womöglich lösbar, in der genügend Zeit zum informellen Kontakt und zum Gespräch eingeräumt wird.

Trotz aller Erkenntnisse über die Bedeutung der zwischenmenschlichen emotionalen Beziehungen in der sachlichen Arbeit und der besten Absicht, dies im Verlauf zu berücksichtigen, ist es doch allzu verlockend, den Workshop möglichst sachlich gestalten zu wollen. Emotionale Themen sind heikel, vor allem wenn es um problematische Beziehungen zwischen Anwesenden geht. Kein Wunder, dass in der Praxis häufig versucht wird, sie so weit wie möglich auszuklammern. Man spricht die Dinge erst an, wenn es in der Bearbeitung der Sachinhalte so massiv klemmt, dass nichts mehr läuft. Anfangs wäre es vielleicht noch möglich gewesen, die drohende Arbeitsstörung rechtzeitig aufzufangen. Die Behandlung einer ausgewachsenen Beziehungsstörung dagegen ist nicht nur äußerst aufwendig, sondern auch weit weniger kalkulierbar, weil in diesem fortgeschrittenen Stadium häufig nur noch mit gegenseitigen Schuldzuweisungen zu rechnen ist.

Fixierung auf (vor)schnelle Lösungen: Vermutlich hat es damit zu tun, dass es dem persönlichen Prestige förderlicher erscheint, fixe Patentlösungen zu bieten (sozusagen aus der eigenen Hausapotheke), als sich auf die mühevolle Suche nach Hintergründen und Zusammenhängen einzulassen, die mitunter zu einem Perspektivenwechsel zwingen. Wenn man den Anfängen nicht wehrt, entwickelt sich ein regelrechtes Drängeln auf der Überholspur der Vorzeigelösungen. In diesem Fall hilft nur: die Bühne drehen, das störende Verhaltensmuster ansprechen, dadurch Raum schaffen für eine ruhigere Atmosphäre, in der gemeinsame Suche, Sorgfalt und die Tugend der Langsamkeit gefragt sind.

Übereifriger Moderator: Der Moderator fühlt sich in der Hauptverantwortung für das Ergebnis. Er will etwas vorweisen können – seinem Kunden, vor allem aber sich selbst. Er treibt das System an, führt sich als »der bessere Manager« auf, entwickelt sich zum eigentlichen Energieträger. Die Teilnehmer können sich dadurch unbemerkt aus der Verantwortung zurückziehen. Auftretender Widerstand wird entweder nicht erkannt oder geschickt wegmoderiert.

Verwirrspiel der Teilnehmer: Jeder Zustand, auch Missstände, haben für bestimmte Menschen eine nicht zu unterschätzende Attraktivität, sonst bestünden sie nicht. Darüber klagen heißt aber noch lange nicht, daran wirklich etwas ändern zu wollen. Werden diese verdeckten Interessenlagen nicht erkannt, geht man zumindest als externer Moderator einer solchen Klientel schnell auf den Leim. Eine der raffinierteren Formen der Verweigerung und des Widerstands seitens der Betroffenen besteht nämlich darin, so zu tun, als wären sie mit Leib und Seele dabei. Alle flüchten sich in operative Hektik: Es gibt ellenlange Problemlisten und Veränderungsvorschläge. Es wird visualisiert auf Teufel komm raus. Gleichzeitig wissen alle – und arbeiten auch gezielt darauf hin –, dass sich nach dem Workshop rein gar nichts ändern wird.

Die nach wie vor häufigen Klagen über die Folgenlosigkeit so mancher Workshops lassen vermuten, dass es weit mehr solcher Alibiveranstaltungen gibt, als man glauben möchte.

Verhütungsdesign: Der große Vorteil von Workshops liegt in ihrer wertvollen, wenn auch nicht immer leicht steuerbaren Gruppendynamik. Auf einmal werden Prozesse möglich, die bisher undenkbar schienen. Verständlicherweise fühlt sich manch ein Veranstalter oder Moderator im Hinblick auf diese potenzielle

Dynamik der Veranstaltung unsicher. Um die eigene Unsicherheit auszublenden, wird er versuchen, die Veranstaltung inhaltlich, methodisch und zeitlich so exakt und so eng wie nur möglich – ohne jeden Freiraum – zu strukturieren. So wird die Wahrscheinlichkeit gesenkt, dass etwas passieren kann, was er nicht im Griff hat, nach dem Motto: »Das Design ist dazu da, dass es dem Moderator gut geht.«

Der Erfolg eines Workshops hängt nicht zuletzt von einer guten Vorbereitung und einer guten Moderation ab.

Planung und Gestaltung eines Workshops

Schritt 1: Sondierung

Vor allem wenn Sie von außen als Berater oder Moderator hinzugezogen werden, sollten Sie sich ein umfassendes Bild verschaffen:

- Von wem geht die Initiative aus?
- Welche Interessen sind im Spiel?
- Welche Ziele werden verfolgt?
- Erscheinen die Ziele klar und realistisch?

Der offizielle Anlass und die offiziellen Ziele sind natürlich immer hehr und edel. Oft aber sind verdeckte Interessen im Spiel – ja, manchmal liegt gerade in den verdeckten Interessen der eigentliche Grund für die vorgesehene Veränderungsmaßnahme. Problematisch wird es, wenn Sie sich unbemerkt vor den Karren verdeckter Interessen spannen lassen!

- Wer sind die Nutznießer des Status quo?
- Wo liegen Gemeinsamkeiten, Unterschiede oder Gegensätze in der Einschätzung der Ausgangssituation und in den Erklärungen, warum die Dinge so sind, wie sie sind?
- Welche Chancen geben Auftraggeber und Beteiligte dem Unterfangen, den Status quo zu verändern?
- Gibt es Vorerfahrungen mit dieser Art des Vorgehens und zum jeweiligen Thema?
- Welche positiven oder negativen Erinnerungen haften daran – und welche Konsequenzen könnten sich daraus für den geplanten Workshop ergeben?
- Welche Erwartungen haben die Initiatoren an die Moderation? Hier ist der Raum für den Moderator, seine Rolle zu beschreiben und abzuklären, inwieweit sie den Vorstellungen des Klienten entspricht.

Entscheidend ist in dieser Phase, sich nicht einseitig zu informieren beziehungsweise informieren zu lassen. Eventuell sind Gespräche mit unterschiedlichen Beteiligten notwendig. Es geht zu diesem Zeitpunkt noch nicht um eine detaillierte Tiefenanalyse, sondern darum, einen groben Gesamtüberblick zu bekommen, was und wer in dieses Thema hineinspielt, um ein ungefähres Bild über das Kräftefeld zu gewinnen, in dem sich das Change-Vorhaben bewegt.

Auf der Basis dieser Sondierungsgespräche können Sie entscheiden,

- ob überhaupt ein Workshop durchgeführt werden soll,
- ob es günstig ist, ihn gerade zu diesem Zeitpunkt zu machen,
- mit welcher Zielsetzung, welchen Teilnehmern sowie in welcher Regie und Verantwortung der Workshop im Einzelnen konzipiert werden müsste.

Schritt 2: Ausgangssituation der Teilnehmer einschätzen

Die Teilnehmer werden in der Regel unterschiedlich weit vom Thema und voneinander entfernt sein. Um das richtige Vorgehen auswählen zu können, müssen Sie die psychologische Situation der Teilnehmer kennen und ihre Bereitschaft, an Dinge heranzugehen, einschätzen. Davon hängt ab, ob Sie einen direkten Einstieg wählen oder ob eine Phase des »Auftauens« vorgeschaltet werden muss, um die Beteiligten miteinander, mit dem Thema, mit der geplanten Vorgehensweise und mit den dahinterliegenden Absichten vertraut zu machen, sodass dadurch die Motivation entsteht, sich damit auseinanderzusetzen.

Ergibt Ihre Voruntersuchung, dass wesentliche Aspekte der Ausgangssituation der Teilnehmer unklar und nicht kalkulierbar sind oder dass man sogar mit Sicherheit von einer schwierigen Anlaufsituation ausgehen kann, dürfen Sie nicht sofort ins Thema einsteigen. Der erste Schritt ist dann vielmehr so zu konzipieren, dass es den Teilnehmern möglich wird, sich Klarheit zu verschaffen und Vertrauen aufzubauen – und dadurch Dialog- und Arbeitsfähigkeit herzustellen.

Idealtypischer Aufbau eines Workshops

Phase 1: Einführung

1. Einstimmen:
   - Begrüßung und Information über die Vorgeschichte des Workshops
   - Klärung der Erwartungen der Teilnehmer
2. Auftauen (optional):
   Wenn die Teilnehmer sich gegenseitig nicht gut kennen, Arbeits- und Dialogfähigkeit herstellen anhand geeigneter Instrumente, wie etwa Bild ohne Worte oder Selbst- und Fremdeinschätzung der Ausgangssituation.
3. Programm festlegen:
   - Übersicht über die Themen
   - Prioritäten setzen und Reihenfolge bestimmen

Phase 2: Bearbeitung der Themen

1. Vorgehensmuster
   - Datensammlung/Symptombeschreibung/Status quo
   - Problemanalyse
   - Kraftfeldanalyse

- Konzeption notwendiger Veränderungen
- Aktionsplan
2. Steuerung der Diskussion auf zwei Ebenen:
    - die wesentlichen sachlich-fachlichen Aspekte
    - Vernetzungen mit den emotionalen Aspekten
    Siehe dazu in Kapitel 3 Abb. 6: Sach- und Beziehungsebene

Dabei sollten Sie regelmäßig mithilfe einer Zwischenbilanz allen einen Überblick über den aktuellen Stand der Diskussion ermöglichen.

Phase 3: Ergebnissicherung und Planung des weiteren Vorgehens

1. Zusammenfassung der Ergebnisse und Klärung der offenen Punkte
2. Festlegen des weiteren Vorgehens:
    - Konkrete und terminierte Aufträge: Wer tut was bis wann?
    - Vorschau: Wie geht es danach weiter?
    - Protokoll: Wer, bis wann, an wen, in welcher Form?
    - Information über den Workshop: Wer, an wen, wie, bis wann?
3. Feedback (gemeinsame emotionale Bilanz)

Die Kunst der Moderation von Workshops

Wann und wo immer Change Management angesagt ist, steigt die Nachfrage nach Moderation. Doch moderieren will gelernt und geübt sein! Mit der Zuteilung von Wortmeldungen ist es nämlich nicht getan. Nachfolgend finden Sie in knapper Zusammenfassung das Wesentliche zum Thema Moderation.

Rolle des Moderators

- Klima der Offenheit und des Vertrauens schaffen.
- Dialog kontrollieren, das heißt, der Moderator muss darauf achten, dass gut zugehört, nachgefragt, geklärt und nicht aufeinander ein- oder aneinander vorbeigeredet wird.
- Nicht alles selbst machen, sondern die Mitglieder der Gruppe ermutigen, aktiv zu werden.
- Immer die Gesamtgruppe im Auge behalten, für alle verfügbar und ansprechbar sein, niemanden bevorzugt behandeln, niemanden abqualifizieren, niemanden ausgrenzen.

Konkrete Aufgaben des Moderators

- Hintergründe und Zusammenhänge klären
- für Konkretisierung sorgen
- für Visualisierung sorgen

- Wortmeldungen zuteilen beziehungsweise regeln
- stille Gesprächsteilnehmer aktivieren
- Vielredner bremsen
- bei Abschweifungen rasch zum Thema zurückführen
- das Wesentliche herausarbeiten
- Zwischenergebnisse zusammenfassen
- Meinungs- und Interessenunterschiede offenlegen
- Raum schaffen für Gefühle und Empfindungen
- den Zeitrahmen im Blick behalten
- Ergebnisse sichern und klare Vereinbarungen treffen lassen

Leitbild

Als Start eines Veränderungsprozesses ein Leitbild der üblichen Art, also eine Ansammlung von hehren Werten, zu formulieren halte ich nicht nur für überflüssig, sondern für ausgesprochen schädlich. Ein derartiges Leitbild verführt dazu, zu glauben, damit wäre ein wesentlicher Teil des Change bereits durchgeführt. Doch das ist nicht der Fall! (Siehe dazu Kapitel 2, Abschnitt »Ein Leitbild ist ein Scheinbild«.) Wie also sollte man Veränderung angehen? Nicht die Formulierung eines Leitbilds ist der Startpunkt, sondern eine Bestandsaufnahme des Status quo – und zwar seitens der Mitarbeiter: Sie sollen mit eigenen Worten formulieren, wie man sich im Unternehmen tatsächlich verhält, zum Beispiel im Hinblick auf Verantwortung, Initiative,

Kooperation, Führung, Konflikte, Kommunikation, im Umgang mit Kunden und Kollegen et cetera. Im Anschluss sollte ein Dialog eröffnet werden, inwieweit dieses identifizierte De-facto-Leitbild zu den neuen Anforderungen passt, was in der grundsätzlichen Haltung und im tatsächlichen Verhalten konkret geändert werden müsste, woran das bisher scheitert – und welche Chancen bestehen, daran etwas zu verändern.

Wenn schon Leitbild, dann richtig …

Lassen Sie die Mitarbeiter in einem offenen Austausch formulieren, wie sie sich tatsächlich verhalten und wie sie die derzeitige Unternehmenskultur im Haus erleben. Sie können das im Rahmen von Workshops tun oder offen im eigenen Intranet dazu diskutieren lassen. Nutzen Sie dafür folgende Leitfragen:

- Wonach richten die Mitarbeiter im Unternehmen ihr tatsächliches Verhalten aus im Hinblick auf:
  - Übernahme von Verantwortung
  - Initiative
  - Kooperation
  - Führung
  - Konflikte
  - Feedback
  - Kommunikation
  - Umgang mit Kunden

- Sind den Mitarbeitern die neuen Anforderungen bewusst, die ins Haus stehen?
- Wie passt das tatsächliche Leitbild zu den neuen Anforderungen?
- Wie zufrieden sind die Mitarbeiter mit dem Status quo?
- Soll das so bleiben?
- Wo und inwieweit müsste ein Musterwechsel stattfinden?
- Was soll dieser Musterwechsel bewirken und an welchen Kriterien kann dies konkret erfahren und gemessen werden?
- Wer müsste wo und was konkret anders machen, um eine spürbare Wirkung zu erzielen?
- Wie hoch ist die Chance, dass eine derartige Veränderung gelingen kann?

Führen Sie diesen Dialog für alle zugänglich im Unternehmen. Verfolgen Sie, wie die Mitarbeiter darauf reagieren – und steigen Sie dann selbst auch in den Dialog ein.

Kapitel 10

CHANGE – HEITERE BESESSENHEIT

> »Wer seiner Zeit voraus ist,
> muss oft in sehr unbequemen Unterkünften
> auf diese warten.«

STANISLAW LEC, POLNISCHER LYRIKER UND APHORISTIKER

Die Vernunft des scheinbar Unvernünftigen

Aus unserer eigenen Sicht ergeben unsere Handlungen immer Sinn

Der Mensch handelt in seinen Augen immer vernünftig, selbst wenn er im Urteil der Umstehenden gerade die größte Dummheit begeht. Liebe, Hass, erbitterte Konkurrenz, blauäugige Kooperation, naives Vertrauen, tiefes Misstrauen, Auseinandersetzungen bis aufs Blut und selbst totale Resignation scheinen dem Akteur im Moment des Handelns das für ihn einzig Richtige zu sein.

Der Schlüssel zum Verständnis liegt immer auf der Seite der Akteure – entweder in ihnen selbst oder in ihrem Umfeld. Wie oft erfahren wir aus den Medien: Wieder einmal ist ein Mensch aus sogenannten »völlig geordneten Verhältnissen« scheinbar ohne jeglichen ersichtlichen Grund und für sein direktes Umfeld völlig unerklärbar total aus dem Ruder gelaufen und hat zum Beispiel sich selbst und/oder andere umgebracht. Manchmal gelingt es mithilfe intensiver Nachforschungen, die wahren Ursachen herauszufinden: starke persönliche Kränkungen, eine schwere psychische Erkrankung, massive Beziehungsprobleme, extreme finanzielle Verschuldung. Jeder Versuch, das Geschehen mit den eigenen Maßstäben zu erklären, ist pure Spekulation.

Und so erleben wir tagtäglich, wie Menschen sich über die Jahre ihre eigene kleine Welt einrichten – aus Grundüberzeugungen, Annahmen, persönlicher Geschichtsschreibung als Vergangenheitsbewältigung, Hoffnungen und Erwartungen an die Zukunft sowie einer allgemeinen Charakterlehre, was ihre Persönlichkeit und die wesentlichen Mitspieler auf der Bühne und in dem Stück betrifft, das der Einzelne für sich entworfen hat. Innerhalb dieser abgeschotteten Welt ist alles erklärbar und ergibt alles seinen Sinn – Glück und Unglück, Freude und Leid, Angst und Zuversicht, Erfolg und Niederlagen, Friede und Krieg im Großen wie im Kleinen. Das Handeln von Menschen werden wir nur verstehen, wenn wir ihre innere Welt verstehen, in der sie sich eingerichtet und eingenistet haben.

Wir sind Weltmeister in der Abwehr von allem, was nicht in unser Weltbild passt

Anna Freud, die Tochter des Gründers der Psychoanalyse Sigmund Freud, hat sich intensiv mit der Frage beschäftigt, was wir tun, um uns vor unangenehmen Erkenntnissen zu schützen, um das Bild zu retten, das wir von uns und unserer Rolle haben, die wir zu spielen gedenken. Ihre Erkenntnisse hat sie in einem kleinen Buch mit dem Titel *Das Ich und die Abwehrmechanismen* zusammengefasst. Im Kern lautet ihre Botschaft: Wir schützen uns vor unangenehmen Erkenntnissen, indem wir Prekäres verdrängen, verleugnen oder auf andere projizieren. Wir sind Meister im Schönfärben.

Die Erkenntnis daraus: Je mehr vom Gemeinwohl die Rede ist, umso stärker darf man vermuten, dass verdeckter Eigennutz im Spiel ist. Je wortreicher jemand über ethische Spielregeln parliert, umso näher darf die Vermutung liegen, dass er den Blick von Regelüberschreitungen ablenken will, die er gerade begangen hat oder zu begehen gedenkt. Je hehrer die Leitbilder, umso schmutziger ist wahrscheinlich die Wirklichkeit.

Menschen sind nun einmal, wie sie sind

Wenn im Rahmen von Veränderungsprozessen Probleme auftauchen, ist das völlig normal und deshalb auch vorhersehbar. Das eigentliche Problem besteht darin, mit solchen normalen Reaktionen nicht zu rechnen und im Vorgehenskonzept nicht zu berücksichtigen. Aber auch das hat Gründe. Es reicht nicht, darauf hinzuweisen, worin die Fehler im Einzelnen bestehen, und bessere Alternativen vorzuschlagen, wofür Sie in diesem Buch viele Hinweise finden. Die Alternativen haben nur eine Chance, wenn die innere Einstellung, die den Fehlern zugrunde liegen, und die »Psycho-Logik des Misslingens« erkannt und reflektiert werden.

Reflexion ist die absolute Voraussetzung für persönliche Weiterentwicklung. Im Wesentlichen geht es bei der Steuerung oder Begleitung von Veränderungen neben den sachlichen Themen immer auch darum, drei zugrunde liegende Aspekte parallel mit zu betrachten und mit zu bearbeiten: Solange Manager aus Angst vor Kontrollverlust alles im Griff haben wollen, solange versucht wird, alles Emotionale wegzudrücken und zu versachlichen, und solange durch entsprechendes Herrschaftsgebaren von oben und gelernten Opportunismus von unten das hierarchische Syndrom aufrechterhalten wird, wird es keine gemeinsam getragenen und gemeinsam verantworteten Entwicklungsprozesse geben können. Für einige mag es zwar herausfordernd sein, aber es ist wirklich kein Hexenwerk, ein Konzept zu entwickeln, das diese Erkenntnisse berücksichtigt.

Das Neue »verankern«

Eine Transplantation ist in der Regel riskant, das neue Organ wird nicht ohne Weiteres vom Körper angenommen. Zumindest in der ersten Zeit drohen akute Abstoßungsreaktionen. Je nach Verfassung des annehmenden Körpers können solche Abstoßungsreaktionen lebenslang auftreten. Sorgfältige Prophylaxe und eine weitere genaue Beobachtung sind daher notwendig, um schon auf die ersten Anzeichen adäquat reagieren zu können. Das lässt sich auf Veränderungsprojekte übertragen: Solange das Neue vor dem Hintergrund der immer noch mental vorhandenen alten Einstellung antritt, ist es wie bei einer Transplantation in Gefahr, abgestoßen zu werden. Wer das verhindern will, wird nicht umhinkommen, an der inneren Einstellung der Beteiligten zu arbeiten. Eine neue Ordnung und neue Spielregeln benötigen ein neues mentales Fundament in Form entsprechender Muster. Einige davon möchte ich abschließend nochmals akzentuieren.

Gleichwertiger Umgang mit Andersheiten: Es wird immer gleichzeitig unterschiedliche Sichtweisen oder Perspektiven im Hinblick auf eine bestimmte Situation geben – und daraus abgeleitet den Kampf um die reine Wahrheit. Die neue Ordnung braucht das grundlegende Verständnis, dass Wahrheit eine Ansichts- und Verhandlungssache ist. Vieles deutet zudem darauf hin, dass die Ansichten in Zukunft noch stärker auseinandergehen werden.

Simultanes Engineering: Wir werden aus unterschiedlichen Gründen nicht umhinkommen, das gewohnte sequenzielle Vorgehen – Planen, Handeln, Auswerten – zu verlassen und simultan viele Prozesse gleichzeitig laufen zu lassen, ohne die abschließende Auswertung des vorhergehenden Schritts abzuwarten. Wir lernen durch reflektierendes Handeln und jede Handlung ist gleichzeitig ein Experiment.

Es gibt kein Perpetuum mobile: Wer verändern will, tut gut daran, davon auszugehen, dass Menschen grundsätzlich versuchen, sich in einem Zustand inneren Gleichgewichts, also in ihrer Komfortzone, zu halten, die zu verlassen sie nicht ohne Weiteres bereit sind. Und sie werden stets versuchen, in diesen Zustand zurückzukehren.

Der Beginn von Veränderung besteht darin, dieses Gleichgewicht bewusst zu stören und Menschen dazu zu bringen, sich überhaupt neuen Informationen zu öffnen und sich damit auseinanderzusetzen. In einer gezielten Reihenfolge weiterer Schritte gilt es, die gewünschten neuen Impulse zu setzen und emotional zu verankern. Weil alte, gewohnte (Verhaltens-)Muster immer wieder durchbrechen können, ist zweierlei wichtig: Zum einen muss genau beobachtet werden, inwieweit der bei den einzelnen Schritten erhoffte Effekt tatsächlich und nachhaltig eintritt. Falls dies nicht erfolgt, müssen im Rahmen eines iterativen Vorgehens so lange die erforderlichen Impulse erneut gesetzt werden, bis sie greifen. Zum anderen muss darauf geachtet werden, im Wissen um die Normalität von Rückschlägen die eigene Energie im Antreiben von Veränderungen nicht zu verlieren.

»The buck stops here!«: Der frühere amerikanische Präsident Harry S. Truman hatte diesen Spruch unübersehbar auf seinem Schreitisch im Oval Office platziert – als Hinweis auf seine Verantwortung, die er nicht weiterschieben konnte. Die kürzere Verweildauer in bestimmten Funktionen oder Positionen im Rahmen höherer Leistungsdichte und Verknappung von Ressourcen führt wahrnehmbar bei einer zunehmenden Anzahl von Managern vielfach zu verkürzten Sichtweisen: Wer weiß denn schon, wie langfristig das, was aktuell gerade geplant wird, tatsächlich gedacht ist? Wie oft hat man erlebt, wie schnell sich Konzepte ändern, wenn ein neuer Vorstand oder gar Vorstandsvorsitzender das Ruder übernimmt? Diese erlebte Kurzlebigkeit in den oberen Führungsetagen macht es nicht gerade selbstverständlich, in der eigenen (Management-)Verantwortung ganzheitlich und langfristig zu denken und zu handeln. Diese Reaktion kann man zwar nachvollziehen, aber man muss trotzdem kein Verständnis dafür haben.

Einfrieren verhindern: Kurt Lewin hat von drei Phasen gesprochen, um Veränderungen herbeizuführen:

1. Auftauen (unfreezing)
2. Verändern (changing)
3. Wieder einfrieren (refreezing)

Ich möchte die dritte Phase anders formulieren. Die generelle Ausrichtung für Zukunftsfähigkeit heißt: »auf Dauer agil und flexibel organisieren – und immer auf Überraschungen gefasst bleiben«. Doch es gibt den generellen Wunsch des Menschen nach Sicherheit, Planbarkeit und deshalb auch die natürliche Tendenz der Verfestigung. Diese zu verhindern bedeutet eine andauernde Auseinandersetzung im Rahmen gezielter Irritationen.

Vorgefertigte Konzepte und Werkzeuge sind wie Kleider von der Stange. Manchmal passen sie hervorragend, nicht selten aber müssen sie angepasst werden, damit sie gut sitzen. Insofern ist es beim Einsatz noch so wohlüberlegter Konzepte und vorzüglicher Werkzeuge häufig der Fall, dass in der aktuellen Situation mehr oder weniger starke Anpassungen vorgenommen oder auch völlig neue Wege gefunden werden müssen, wenn Change gelingen soll. Genau das macht die Gestaltung und Begleitung von Veränderungsprozessen auf Dauer so interessant und gleichzeitig so herausfordernd.

Zum Trost: Alle kochen mit Wasser. Es bleibt uns nichts anderes übrig: Wir werden in dauerhafter Unsicherheit Entscheidungen treffen, handeln und uns sicher fühlen, weil wir noch im Spiel sind – und wissen, dass es bislang noch kein geheimes Zaubermittel gibt.

ANMERKUNGEN

1 Doppler, K./Lauterburg, C. (2014): *Change Management. Den Unternehmenswandel gestalten*
2 Doppler, K./Voigt, B. (2012): *Feel the Change. Wie erfolgreiche Manager Emotionen steuern.*
3 Hammer, M./Champy, J. (1994): *Business Reengineering. Die Radikalkur für das Unternehmen*, Frankfurt.
4 Ciompi, L.: Gefühle, Affekte, Affektlogik. Ihr Stellenwert in unserem Menschen- und Weltverständnis. Wiener Vorlesungen. Picus, Wien.
5 Maslow, A. (1943): A Theory of Human Motivation. In: *Psychological Review,* Vol. 50, #4.
6 Watzlawick, P. (2009): *Anleitung zum Unglücklichsein.* München.
7 Popper, Karl R. (1945): The Open Society and Its Enemies. London.
8 Prahalad, C. K. (1998): Managing Discontinuities: The Emerging Challenges. In: *Research Technology Management,* Vol. 41, No. 3, S. 14–22.
9 Siehe dazu in Kapitel 8 »Kunde-Berater-Beziehung: ein komplexes interdependentes Modell«.
10 Tichy, N. M. (1995): *Regieanweisungen für Revolutionäre – Unternehmenswandel in drei Akten,* Frankfurt.
11 Schein, E.H. (2003/3): Angst und Sicherheit. In: Zeitschrift für OrganisationsEntwicklung, Basel.

12 Schneider, K. (2002): Willkommen Widerstand. In: Gestaltkritik, Köln.
13 Kotter, J. P. (1996): *Leading Change*. Harvard Business Review Press.
14 Dieter Frey u. a.: Führung in turbulenten Zeiten. Akzeptanz von Reformen als Kriterium erfolgreichen Arbeit in Politik und Wirtschaft. In: *ZfO* 01/2010.
15 Popitz, H. (1968): *Prozesse der Machtbildung*.
16 Rabe, K.-K. und Alinsky, S. D. (1999): *Anleitung zum Mächtigsein. Ausgewählte Schriften*.
17 Goffman E. (1983): *Wir alle spielen Theater. Die Selbstdarstellung im Alltag*.
18 Vgl. Doppler, K.: Über Helden und Weise. Von heldenhafter Führung im System zu weiser Führung am System. In: *OrganisationsEntwicklung. Zeitschrift für Unternehmensentwicklung und Change Management*, 2/2009
19 Vgl. Doppler, K.: Führen in Zeiten permanenter Veränderung. In: von Au, C. (Hrsg.) (2017), Leadership & Angewandte Psychologie. Bd. 4: Führung im Zeitalter von Veränderung und Diversity. Innovationen, Change, Merger, Vielfalt und Trennung.
20 Drucker, P. F. (1999): *Management im 21. Jahrhundert*, Düsseldorf: Econ.
21 Bert Voigt und ich haben dem Thema Change Story in unserem Buch *Feel the Change. Wie erfolgreiche Change Manager Emotionen steuern* ein eigenes Kapitel gewidmet.

VERTIEFENDE LITERATUR

Ich habe mich bewusst bemüht, den Kern von Change Management darzustellen. Für diejenigen, die sich intensiver mit diesem Thema befassen möchten, habe ich mir erlaubt, eine subjektive Auswahl von Büchern und Artikeln zu treffen, die dabei hilfreich sein können.

Bücher

Anwander, A. (2016): *Strategien erfolgreich verwirklichen.* Springer-Verlag, Berlin/Heidelberg, 3. Aufl. Wer Systematik und entsprechend differenzierte Schaubilder schätzt, wird hier viele Modelle und Anregungen finden.

Doppler, K. (2011): *Der Change Manager. Sich selbst und andere verändern.* Campus Verlag Frankfurt/New York, 2. Aufl. Anleitung für alle, die andere verändern oder sie bei ihrer Veränderung beraten, wie sie sich selbst in ihrer eigenen Rolle besser verstehen, wahrnehmen und weiterentwickeln können.

Doppler, K. (2009): *Der kleine Kämpfer und sein Weg ins Glück.* Murmann Verlag, Hamburg. Change mal nicht in ausgefeilter Fachsprache, sondern in Form eines Märchens.

Doppler, K. (2006): *Incognito. Führung von unten betrachtet.* Murmann Verlag, Hamburg. Anstatt wie üblich Führung von oben nach unten betrachtet, hier einmal umgedreht: Wie wird Führung von denjenigen erlebt, die geführt werden? Damit normale Sprache möglich ist, das Ganze als »Tagebuch eines unbekannten Mitarbeiters«.

Doppler, K./Lauterburg, C. (2014): *Change Management. Den Unternehmenswandel gestalten.* Campus Verlag, Frankfurt/New York, 13. Aufl. Gilt als »bitter notwendiger« Handwerkskasten für Veränderungsmanager und Standardwerk im deutschsprachigen Raum.

Doppler, K./Voigt, B. (2012): *Feel the Change! – Wie erfolgreiche Change Manager Emotionen steuern.* Campus Verlag, Frankfurt/New York. Management wird meist als rationales Handeln beschrieben, Emotionen gelten als Störfaktoren. In diesem Buch wird detailliert erklärt und anhand vieler Beispiele erläutert, wie stark Emotionen unser Handeln beeinflussen und wie wichtig es deshalb ist, sie als eigentliche Antriebsfaktoren ernst zu nehmen.

Dörner, D. (1996): *Die Logik des Misslingens. Strategisches Denken in komplexen Situationen.* Rowohlt, Hamburg. Ein absoluter Klassiker, gut lesbar. Beschreibt sehr praxisbezogen, welche Denkfehler wir immer wieder machen.

Drucker, P. F.: (2002): *Managing in the Next Society.* Butterworth-Heinemann, Oxford. Pionier der modernen Managementlehre mit einer sehr einfachen und klaren Sprache.

Edding, C./Schattenhofer, K. (Hrsg.) (2015): *Alles über Gruppen: Theorie, Anwendung, Praxis.* Beltz, Weinheim/Basel, 2. Aufl. Die (Zusammen-)Arbeit in Organisationen ist keine Ansammlung von Einzelaktivitäten, sondern findet zum Großteil in Gruppen statt. Wer also

Verhalten, Strukturen oder Prozesse verändern will, muss berücksichtigen, welche Prozesse und Dynamiken in Gruppen ablaufen – und diese entsprechend einbeziehen. Dieses Sammelwerk beinhaltet meines Erachtens die wichtigsten Aspekte dazu, verbunden mit Anregungen zur praktischen Anwendung.

Goffman, E. (1983): *Wir alle spielen Theater. Die Selbstdarstellung im Alltag.* R. Piper & Co. Verlag, München, 4. Aufl. Der kanadische Soziologe Ervin Goffman (1922–1982) beschäftigt sich mit einem von den Soziologen meist vernachlässigten Aspekt: Wer immer wirksam beeinflussen will, muss sich darüber klar sein, dass er sich auf einer voll ausgeleuchteten Bühne bewegt. Er muss entsprechend auftreten und Eindruck erwecken

Höfler, M./Dolleschall, H./Dietmar, D./Schwarenthorer, F. (2014): *Abenteuer Change Management: Handfeste Tipps aus der Praxis für alle, die etwas bewegen wollen.* Frankfurter Allgemeine Buch, 5. Aufl. Das speziell Einladende an diesem Buch ist die durchgehende Kopplung von Theorie, Praxis und Humor. Sehr treffsicher und fokussiert auf die bei Change wesentlichen Aspekte und Ereignisse.

Jullien, F. (1999): *Über die Wirksamkeit.* Merve Verlag Berlin. Handlungsstrategien, wie man mit Leichtigkeit schwierige Lagen meistert, indem man die potenzielle Situationsenergie ausnützt auf der Basis fernöstlichen Denktraditionen.

Lec, S. (1971): *Das große Buch der unfrisierten Gedanken.* Hanser Verlag, München. Viele äußerst treffende Sprüche für alle Lebenslagen – auch für Change und Führung. Zum Beispiel: »Auch auf einem Thron werden Hosen versessen« oder »Was nützt es dem Hasen, dass er beim Schlafen die Augen offenhält?«

Popitz, H. (1968): *Prozesse der Machtbildung.* Mohr, Tübingen. Der Soziologe Heinrich Popitz widmete seine Antrittsvorlesung an der Universität Freiburg dem Thema: Wie entsteht eigentlich Macht? Sehr informativ und anhand konkreter Beispiele erläutert.

Popovic S. (2005), Booklet »*50 entscheidende Punkte für den gewaltlosen Kampf*« online auf Canvasopedia.org. Ein Experte für friedliche Revolutionen des 21. Jahrhunderts versammelt in diesem kleinen Büchlein seine konkreten Tipps und Tricks zur Organisation des gewaltfreien Protests und belegt sie mit zahlreichen beeindruckenden und kreativen Fallbeispielen.

Rabe, K-K., Alinsky, S. D. (1999): *Anleitung zum Mächtigsein. Ausgewählte Schriften.* Lamuv Verlag, Göttingen, 2. Aufl. Eine ganze Reihe von Taktiken, die seiner Erfahrung nach Wirkung erzielen.

Roehl, C./Winkler, B./Eppler, M./Fröhlich, C. (Hrsg.) (2012): *Werkzeuge des Wandels. Die 30 wirksamsten Tools des Change-Managements.* Schäffer-Poeschel, Stuttgart. Eine gute Auslese aus der Rubrik »Werkzeugkiste«, die in jeder Ausgabe der Zeitschrift *OrganisationsEntwicklung* ein im Rahmen von Change nützliches Werkzeug ausführlich beschreibt. Für mich gilt zwar der Spruch »A fool with a tool is still a fool«, aber wir haben es bei Change Managern ja nicht nur mit »fools« zu tun …

Weick, K. E./Sutcliffe, K. M. (2003): *Das Unerwartete managen.* Klett-Cotta, Stuttgart. Ein absoluter Klassiker für Change. Gerade in unserer Zeit der »Unplanbarkeit« höchst aktuell.

Artikel

OrganisationsEntwicklung (ZOE), Handelsblatt Fachmedien GmbH Düsseldorf. Die führende deutschsprachige

Fachzeitschrift für Unternehmensentwicklung und Change Management. Gute Mischung aus Change-Konzepten, Fallstudien und Werkzeugen für die Praxis.

Doppler, K. (2015): ... damit Frauen sich (mehr) trauen. Ohne Macht kann »frau« nichts machen. In: Welpe, I. M. et al. (Hrsg.): *Auswahl von Männern und Frauen als Führungskräfte.* Springer Fachmedien Wiesbaden.

Doppler, K. (2015): Ermutigung zu weiblichem Revierverhalten. In: Kaufmann, D./Hipp B.: *In Führung gehen. Impulse für Leitungskräfte in Diakonie und Kirche.* Diakonie Württemberg. Anregungen aus subjektiv männlicher Sicht, wie Frauen sich in der männlichen Managerwelt besser Zugang verschaffen und dort behaupten können.

Doppler, K. (2014): Unternehmenssteuerung durch Werte: Nach vorn mit Blick zurück? In: *Wirtschaftspsychologie aktuell,* Heft 4/2014, S. 21–24. Wie müssen Leitbilder entwickelt werden, damit sie tatsächlich leiten?

Frey, Dieter et al. (2010): Führung in turbulenten Zeiten. Akzeptanz von Reformen als Kriterium erfolgreicher Arbeit – in Politik und Wirtschaft. In: *Zeitschrift Führung und Organisation* 01/2010, S. 38–45. Der Psychologe Dieter Frey leitet hier in Bezug auf die Akzeptanz von Reformen einige interessante Erkenntnisse aus der sozialpsychologischen Forschung im Hinblick auf Führung und Change ab.

Andere Medien

Die wichtigsten Aspekte im Change-Prozess, speziell für Change Manager und Berater, die nicht gerne lesen, sondern andere Medien bevorzugen:

Doppler, K. (2012): Change Management: Videoseminar in 7 Kursen. http://www.pinkuniversity.de/startseite/kurs-online-lernen-weiterbildung/prod...

Doppler, K. (2009): Management in stürmischen Zeiten, Verlag Bertelsmann Stiftung (Hörbuch).

ABBILDUNGSVERZEICHNIS

Abbildung 1: Ein Bild ist eben nur ein Bild, ©2016. Digital Image Museum Associates/ LACMA/Art Resource NY/Scala, Florenz. ©Photo SCALA, Florenz. 24
Abbildung 2: Veränderungen im Umfeld 40
Abbildung 3: Neuer Kontext – Grundsätze für eine neue Ordnung 44
Abbildung 4: Sach- und Beziehungsebene, Illustration: Suess Design/Daniel Huber ... 61
Abbildung 5: Ganzheitliche Unternehmensführung .. 67
Abbildung 6: Warum das alles nicht so einfach ist ... 100
Abbildung 7: Vorüberlegungen auf einen Blick 113
Abbildung 8.1: Kommunikation: der stets aufnahmebereite Adressat 147
Abbildung 8.2: Kommunikation: der offene Trichter – eine Fiktion 148
Abbildung 8.3: Kommunikation: umgedrehter Trichter 148
Abbildung 8.4: Kommunikation: Trichter mit drei Filtern 149
Abbildung 8.5: Kommunikation: Trichter mit Feedbackschleifen 149
Abbildung 9: Ganzheitlich integrierte Steuerung 156

Abbildung 10:	Führen – persönliches Navigationssystem 182
Abbildung 11:	Strategiehaus, Illustration: Suess Design/Daniel Huber 205
Abbildung 12:	Emotionale Wetterkarte, Illustration: Suess Design/Daniel Huber 208
Abbildung 13:	Kräftefeld nach Lewin, Illustration: Suess Design/Daniel Huber 210
Abbildung 14:	Optische Täuschungen 214

REGISTER

Abhängigkeit, hierarchische 105
Ablehnung, diffuse 139
Abwehr 62, 87ff., 91, 101, 126f., 235
Agilität 158f.
Allround-Problemlöser 187
Ambiguitätstoleranz 177f.
Analysen, rationale 198
Andersheiten 237
Anleitung zum Mächtigsein 169
Ansatz, partizipativer, dialogischer 31
Aspekte, inhaltlich-sachliche 204
Auftraggeber 105
Ausrichtung, strategische 53

Bedürfnisse, psychologische 77
Berater, interner 190ff.
Beraterkompetenz 187
Beratungsfirmen 183ff.

Beratungsperspektive, kontextbezogene 30
Besessenheit, heitere 181
Betroffenenbeteiligung 118
Beziehungsebene 61
Big Data 29
Brecht, Bertolt 94

Change Agents 19
Change Manager, kompetenter 107ff.
Change-Projekte 75ff.
Change Story 211ff.

Datenaustausch, weltweiter 29
Dialog, intensiver 73
Digitalisierung 29, 37
Diskussion, offene 119
Dreisprung, naiver 25, 147
Drucker, Peter F. 178

Eindrucksmanipulation 171
Einstein, Albert 161, 178

Emotionen 59 ff.
Empörung, inszenierte 86
Entlastung, emotionale 86
Entscheidungsfähigkeit 178
Entscheidungsmacht 165
Erfolg 19
Ermutigung 109

Fachchinesisch 162
Fachkompetenz 177
Fairness 163 f.
Feedback, echtes 65 ff.
Fehler 64
Flexibilität 159
Folgenlosigkeit, geplante 97, 134
Führung 46 f., 50 f.
Führung, ganzheitliche 44 f.

Ganzheitlichkeit 116 ff.
Gesamtrahmen, verbindlicher 215 ff.
Geschichten 211 ff.
Gesellschaft, offene 99
Glaubwürdigkeit 107 ff.
Goethe, Johann Wolfgang von 71
grüner Tisch 24
Gruppe, geschlossene 99 ff.
Gruppendruck 161

Handlungsfähigkeit 78, 178
Hidden Agenda 201 ff.
Hume, David 165

Impression Management 185
Inbesitznahme 167
Informationstechnologie, grenzüberschreitende 33
Interessen, mikropolitische 179
Internet der Dinge 38
Irritation 125

Klarheit 77
Konfliktmanagement 63 f.
Kontakte, gesellschaftliche 77
Kontext, äußerer 204
Kontext, innerer 204
Konzept, detailliertes 23
Kräfte des Status quo 121 ff.
Kräftefeld der Interessen 123 f., 157, 179, 182 f., 209 ff.
Kraftfeldanalyse 209 ff.
Kriegsführung, dialektische 95
Kunde-Berater-Beziehung 193 ff.
Kundenerwartung 18, 113, 208
Künstliche Intelligenz 39
Kür 116

Lähmschicht 25
Lebensraum 101
Leitbild 230 ff.

Leitbild, ausgefeiltes 23
Lewin, Kurt 101, 120, 124, 153, 209 ff., 239
Logik, unterschiedliche 117

Machtbildung 165
Machtfrage 110
Manipulation 34
Mehrdimensionalität 116 ff.
Mikropolitik 119 f.
Misserfolg 104 f.
Modus, experimenteller 43, 55, 68 ff.
Muster, veränderungsfeindliche 85 ff.

Nachhaltigkeit 192 f.
Nahezu-Gleichzeitigkeit 35
Navigationssystem, persönliches 182
Netzwerk, offenes 57

Ordnung 77
Ordnung, hierarchische 96 f.
Ordnung, tradierte 83 f.
Organisation, agile 55
Organisationsentwicklung 16
Ownership 190

Perpetuum mobile 238
Perspektivenwechsel 45
Pflicht 115
Phasenmodelle 153

Planungssicherheit 163
Prahalad, C. K. 101, 178
Problembewusstsein 125, 129, 213
Produktion 4.0 38
Projektarbeit, professionelle 115
Projektorganisation 114
Projektskizze zum Einstieg 216 ff.
Psycho-Logik 69

Quick Wins 130 f.

Reaktionen, negative 136
Reflexion 236
Reflexionsfähigkeit 178
Relativierung 26
Roadmap 69, 115, 116
Rollendistanz 188
rote Linie 189 f.

Sachebene 61
Schein, Edgar H. 126
Schopenhauer, Arthur 90, 91
Schumpeter, Joseph 70
Selbstentwertung 191
Selbstführung 47 ff.
Selbstreflexion 106
Selbstüberschätzung 191 f.
Selbstverantwortung 47 ff.
Sicherheit 77
Simultanes Engineering 238

Spannungen 35 ff.
Sparringspartner 109
Stabilität 159
Startphase 129
Start-up-Modus, agiler 56
Statusberichte 218
Steuerung, ganzheitlich integrierte 156
Steuerungskreise für Verhalten 154 ff.
Strategiehaus 204 ff., 213
SWOT-Analyse 197

Täter-Opfer-Konstellation 118
Täuschung, optische 214
Tempo für Veränderungen 16
Tichy, Noel M. 124
Transformation Management 18
Transparenz 163

Ubiquität 35
Unternehmensführung, ganzheitliche 67
Unternehmensumfeld 51
Unterstützung, fachliche 109
Unzulänglichkeiten 221 ff.

Veränderung, permanente 175

Verhalten, passives 139
Verlust 163
Vernetzung, globale 29
Verschleierung 131
Verschleierungstaktik 132 ff.
Verständnis zeigen 123
Vertrauen 107
Vision 79 f.
Visual Merchandising 198
Visualisierung, schriftliche 198 ff.
Vitalität 154
Vorbehalte 136
VUCA 18

Waggerl, Karl Heinrich 80
Wahrheit auf Raten 133
Wahrnehmung, selektive 151
Wahrnehmung, subjektive 91
Watzlawick, Paul 85, 151
Welt, geschlossene 99 ff.
Weltbild 235
Welten, emotionale 207
Weltgeschehen, Tansparenz 34
Wetterkarte, emotionale 206 ff.
Widerstand, Umgang mit 140 ff.
Widerstandsmanagement 140

Widerstandspotenzial 82 f.
Widerstandsprozess 142
Workshop, idealtypischer 227 f.
Workshop, Moderation 229 f.

Zeit 87
Zielbild 53 ff., 79, 204, 213
Zielkorridor 120
Zufriedenheit 77
Zukunftsmodell 157 ff.
Zustimmung, grundsätzliche 136

K. Doppler, C. Lauterburg
Change Management
Den Unternehmenswandel
gestalten

2014. 590 Seiten, gebunden,
inklusive E-Book
**Auch separat als E-Book
erhältlich**

Die Zeichen des Wandels
erfolgreich nutzen

Seit 20 Jahren ist »Change Management« das Standardwerk für
jeden, der sich im Unternehmen mit Wandlungsprozessen befasst.
Mit der 13., aktualisierten und erweiterten Auflage formulieren die
Autoren, wie man eine anspruchsvolle Veränderungsstrategie verankert, wie »Führung« zu verstehen ist und wie eine neue Unternehmenskultur aussehen sollte.

»**Der bitter notwendige Handwerkskasten
 für Veränderungsmanager**« *manager magazin*

campus.de

Frankfurt. New York